光催化技术及其生态环境
污染治理应用研究

李 勇 王世锋 著

西南交通大学出版社
·成 都·

图书在版编目（ＣＩＰ）数据

光催化技术及其生态环境污染治理应用研究 / 李勇，
王世锋著. 一成都：西南交通大学出版社，2023.7
ISBN 978-7-5643-9424-0

Ⅰ. ①光… Ⅱ. ①李… ②王… Ⅲ. ①光催化剂 – 应
用 – 生态环境 – 环境污染 – 污染防治 Ⅳ. ①X5

中国国家版本馆 CIP 数据核字（2023）第 147443 号

Guangcuihua Jishu jiqi Shengtai Huanjing Wuran Zhili Yingyong Yanjiu
光催化技术及其生态环境污染治理应用研究
李　勇　王世锋　著

责 任 编 辑	赵永铭
封 面 设 计	何东琳设计工作室
出 版 发 行	西南交通大学出版社 （四川省成都市金牛区二环路北一段 111 号 西南交通大学创新大厦 21 楼）
发 行 部 电 话	028-87600564　028-87600533
邮 政 编 码	610031
网　　　址	http://www.xnjdcbs.com
印　　　刷	成都蜀通印务有限责任公司
成 品 尺 寸	170 mm × 230 mm
印　　　张	12.75
字　　　数	202 千
版　　　次	2023 年 7 月第 1 版
印　　　次	2023 年 7 月第 1 次
书　　　号	ISBN 978-7-5643-9424-0
定　　　价	78.00 元

前 言
PREFACE

随着我国生态文明建设的大力推进，高质量绿色发展理念深入人心。20世纪 60 年代以来，随着人类经济社会的无序快速扩张，人类物质生活得到了极大丰富和满足，但同时也带来了严重的环境污染，这极大地威胁了人类的生存和发展。人类社会已日益认识到环境污染对人类当代及未来生存与发展造成的严重威胁和挑战，采取积极措施应对污染已成为全球共识。光催化降解技术是治理有机污染的绿色新技术，反应条件温和、净化彻底、反应驱动能源完全绿色、氧化性强、广普性等优点。因此，采用光催化技术，利用可持续太阳能进行污染物治理是解决生态环境问题的一种非常有前途的技术。

作者结合多年的光催化技术及其在生态环境污染治理中的应用研究撰写了本书，全书共 7 章，第 1 章主要介绍了光催化的发展历史、基本概念和基本理论；第 2 章主要介绍光催化剂催化性能提升的方法及研究现状；第 3 章主要介绍光催化剂研究常用的分析测试方法及原理；第 4~5 章分别介绍三种光催化剂性能提升改性的研究实例；第 6 章主要介绍了光催化技术在生态环境污染治理中的应用；第 7 章主要介绍了青藏高原的情况，并阐明了将光催化技术应用于青藏高原生态环境保护治理是理想的选择。本书旨在向广大科研人员及环保企业介绍光催化基本理论、光催化剂性能提升方法、光催化剂在环境治理中的应用，以及高效低成本光催化剂的生产制备，以激发读者对光催化技术科学探索的兴趣并为科研工作提供一些新的研发思路和方法借鉴。

由于作者水平有限，书中难免存在疏漏、不妥之处，敬请广大读者批评指正。

著 者

2022 年 11 月

目　录
CONTENTS

第 1 章
光催化基础

1.1 光催化的发展历程 ·· 001

1.2 光催化的基本概念 ·· 002

1.3 光催化的基本原理 ·· 005

1.4 光催化的技术特征 ·· 009

1.5 光催化技术的应用领域 ······································ 010

1.6 光催化技术的发展前景 ······································ 015

第 2 章
光催化剂性能提升途径及研究现状

2.1 光催化剂性能提升的思路 ·································· 019

2.2 光催化剂掺杂改性研究现状 ································ 022

2.3 TiO₂的黑色化改性 ·· 024

2.4 TiO₂表面贵金属沉积改性 ···································· 027

2.5 TiO₂异质结改性 ·· 030

2.6 TiO₂的形貌调控 ·· 032

2.7 TiO₂改性总结及发展意见 ···································· 034

第 3 章

光催化研究的分析测试方法及原理

3.1　物相分析测试方法 ……………………………………038

3.2　形貌分析测试方法 ……………………………………044

3.3　其他分析测试方法 ……………………………………059

第 4 章

用于污染物降解的 TiO_2（B）/TiO_2（A）研制

4.1　TiO_2（B）/TiO_2（A）同质结材料的制备 ……………068

4.2　TiO_2（B）/TiO_2（A）同质结材料的分析测试 …………072

4.3　总结 ……………………………………………………083

第 5 章

用于污染物降解的 Ag_3PO_4/ Ti_3C_2/TiO_2（B）研制

5.1　Ag_3PO_4/TiO_2（B）异质结材料的制备 ………………086

5.2　Ag_3PO_4/TiO_2（B）异质结材料性能的分析测试 ………087

5.3　Ag_3PO_4/TiO_2（B）异质结总分析结果 ………………099

5.4　Ag_3PO_4/Ti_3C_2 MXene/TiO_2（B）三元体系构建的构想 …………100

5.5　Ag_3PO_4/Ti_3C_2 MXene/TiO_2（B）三元体系的制备 ………………101

5.6　Ag_3PO_4/Ti_3C_2 MXene/TiO_2（B）性能的分析测试 ………………103

5.7　Ag_3PO_4/TiO_2（B）/Ti_3C_2 Mxene 三元复合光催化剂总结论 ………117

第6章
光催化技术在生态环境治理中的应用

6.1 水污染与水生生态 ………………………………………… 120

6.2 空气污染与危害 …………………………………………… 123

6.3 光催化技术在环境污染物去除中的研究和应用 ………… 126

第7章
光催化技术在西藏生态环境保护治理中的探究

7.1 青藏高原是我国重要生态安全屏障 ……………………… 137

7.2 青藏高原生态环境脆弱敏感 ……………………………… 138

7.3 保护治理青藏高原生态环境必要且意义重大 …………… 139

7.4 西藏水污染 ………………………………………………… 142

7.5 青藏高原具有丰富的太阳辐射资源 ……………………… 144

7.6 光催化降解技术是解决青藏高原水体污染的理想途径 … 145

参考文献 …………………………………………………………… 146

附录 ………………………………………………………………… 168

       附录 A 西藏自治区国家生态文明高地建设条例 ………… 168

       附录 B 西藏自治区水污染防治行动计划工作方案 ……… 177

第1章 光催化基础

20世纪60年代以来，随着人类经济社会的无序快速扩张，人类物质生活得到了极大丰富和满足，但同时也带来了严重的水体和空气污染，这极大地威胁了人类的生存和发展。人类社会已日益认识到环境污染对人类当代及未来生存与发展造成的严重威胁和挑战，采取积极措施应对污染已成为全球共识。光催化降解技术是治理有机污染的绿色新技术，具有反应条件温和、净化彻底、反应驱动能源完全绿色、氧化性强、广普性等优点。因此，采用光催化技术，利用可持续太阳能进行污染物治理是解决生态环境问题的一种非常有前途的技术。

1.1 光催化的发展历程

光催化技术是通过催化剂利用光子能量，将许多需要在苛刻条件下才能发生的化学反应转化为在温和环境下进行反应的先进技术。它作为一门新兴的学科，涉及半导体物理、光电化学、催化化学、材料化学、材料科学、纳米技术等诸多领域，在能源、环境、健康等人类面临的重大问题方面均有应用前景，是当前前沿科学技术领域的研究热点之一。

1972年，藤岛昭（Fujishima Akira）和Honda Kenichi在N型半导体TiO_2电极上发现了光催化裂解水反应，揭开了光催化技术的序幕，藤岛昭也因此被认为是"光催化之父"[1]。1881年多氯联苯（PCBs）首次被合成出来，PCBs是一类有机化合物，极难溶于水而易溶于脂肪和有机溶剂，能够在生物体脂肪中大量富集，其化学性质非常稳定，很难在自然界分解，属于持久性有机污染物，同时，PCBs属于1类致癌物。因此，多氯联苯是很危险的物质，对它的有效处理显得非常重要。1976年约翰·凯里（John H. Carey）等人研究了多氯联苯的光催化氧化，证明了PCBs的脱氯可以发生在半导体催化剂上，并且是一种可行的 PCBs 降解方法，这是光催化技术首次应用在消除污染物方面，开辟了光催化技术在环保领域的应用前景[2]。Halmann 等人[3]在 1978 年发现 P 型磷化镓半导体可以将水中的 CO_2 还原为 CH_3OH，这一发现促使光催化还原 CO_2 技术得到快速发展，从此掀起了全世界科研工作者对半导体光催化技术这一新兴领域的研究热潮。在之后的数年里，半导体光催化技术进一步在杀菌、除臭和自净化等领域得到广泛应用。自 1983 年起，研究者对烷烃、烯烃和芳香烃的氯化物等一系列污染物进行光催化性能研究，发现这些污染物都能被有效降解。1990 年以后，由于全球性的环境污染问题日益严重以及纳米制备技术的高速发展，以纳米材料光催化剂为重点的环境污染问题的光催化研究成为材料科学、催化化学以及环境科学等研究领域的热点之一。

世界许多国家，尤其是美国、法国等发达国家均投入了大量资金和研究力量从事光催化功能材料及相应技术研究开发，涉及光催化消除环境污染物的研究报道日益增多。许多公司与大学合作研制开发出包括水质净化器、空气净化器、室内保洁装饰材料、食品和花卉保鲜膜、自清洁和抗雾膜玻璃等光催化产品。以日本为例，与推广应用光催化技术有关的公司已有近千家，年产值超 500 亿日元。从 1997 年底开始，日本松下、三洋等公司的光催化空气净化器陆续上市。

随着光催化技术在能源和环境污染治理方面的巨大应用潜力的显现，我国许多高等院校、中科院研究所、部委及军队研究院所都开展了光催化研究工作。催化化学、光电化学、半导体物理、材料科学和环境科学等诸多学科的科研人员都纷纷加入光催化研究队伍。同时，对环境污染处理、能源开发的巨大需求也促使我国进一步加大了对光催化基础和应用研究的支持力度，促进了光催化学科的快速发展。

1.2 光催化的基本概念

1.2.1 光催化剂和光催化反应

光催化剂是指在光的辐照下，自身不发生变化，却可以促进化学反应的物质。促进化合物的合成或使化合物降解的过程称为光催化反应。光催化反应利用光能转换成为化学反应所需要的能量，来产生催化作用。光催化剂中目前研究和应用最广泛的是半导体光催化剂，其代表是 TiO_2。半导体在光激发下，电子从价带跃迁到导带位置，在导带形成光生电子，在价带形成光生空穴。生成的光生电子和空穴向半导体表面迁移，在迁移的过程中电子和空穴若发生相遇将会复合，最终未发生复合的电子和空穴迁移至半导体的表面。利用迁移至表面的光生电子-空穴对的还原和氧化性能，可以光解水制备 H_2 和 O_2，还原二氧化碳形成有机物，还可以使氧气或水分子激发成超氧自由基及羟基自由基等具有强氧化能力的自由基，降解环境中的有机污染物，且不会造成资源浪费和形成二次污染。图 1-1 是光催化降解有机污染物的原理及基本过程示意图。

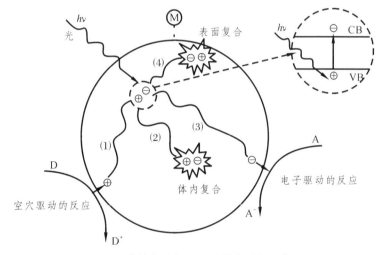

图 1-1　光催化降解原理及基本过程示意图

1.2.2　固体能带结构

　　能带理论是目前研究固体中电子运动的一个主要理论基础。在 20 世纪 20 年代末至 30 年代初期，在量子力学运动规律确立以后，它是在用量子力学研究金属电导理论的过程中开始发展起来的。能带理论是一个近似理论。在固体中存在大量电子，它们的运动是相互关联着的，每个电子的运动都要受其他电子运动的影响，这种多电子系统的严格解是不可能的。能带理论是单电子近似理论，就是把每个电子的运动看成是独立的在一个等效势场中的运动。在大多数时候，人们最关心的是价电子，在原子结合成固体过程中，价电子的运动状态发生了很大变化，而内层电子的变化是比较小的，可以把原子核和内层电子近似看成是一个离子实。这样价电子的等效势场，包括离子实的势场，其他价电子的平均势场以及考虑电子波函数反对称性而带来的交换作用。这样近似下的单电子的能量本征值将不再连续，形成能带，能带间因周期性势场作用产生带隙（图 1-2 为一维晶体的能带图）。对于一个具体的半导体，价带就是指所有价电子所处的能带；导带就是指最外层的价电子受到光或热等方式激发，会跃迁到更高的能级变成共有化导电电子，这个更高能级所处在的能带称为导带；禁带是价带和导带之间的区域。

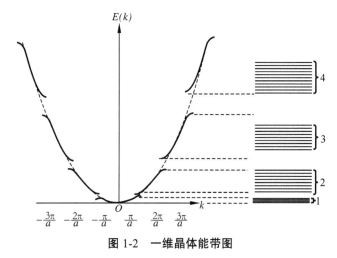

图 1-2　一维晶体能带图

1.2.3　光生电子、光生空穴和复合中心

半导体光催化剂在光照射下，如果光子的能量大于半导体禁带宽度，其价带上的电子就会被激发到导带上，同时在价带上产生空穴，如图 1-3 所示。光生空穴具有氧化能力，光生电子具有还原能力，它们可以迁移到半导体表面的不同位置，与表面吸附的污染物发生氧化还原反应。在迁移的过程中，光生电子和空穴可以在半导体中的杂质或缺陷处成对消失，即复合，这类杂质或缺陷称为复合中心。

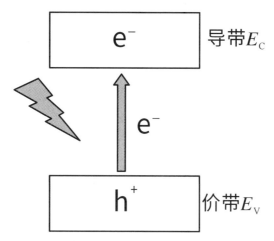

图 1-3　半导体光激发电子-空穴产生原理图

1.3　光催化的基本原理

光催化反应的过程包括光子吸收、光生电子-空穴的产生、光生电子-空穴的分离、光生电子-空穴在半导体内的迁移、光生电子-空穴表面氧化还原反应与复合。具体如下。

1.3.1　光催化反应的基本过程

（1）半导体光催化剂对光子的吸收：光通过固体时，与固体中存在的电子、激子、晶格振动及杂质和缺陷等相互作用而产生光的吸收。其中，导带上的电子吸收一个光子跃迁到价带上的过程被称为本征吸收。半导体光催化剂产生本征吸收是发生光催化反应的先决条件。其吸收的效率与材料本身的性质有关，如材料的消光系数和折射率等。消光系数反映的是光的强度被削弱的大小，是材料的本征性质。在描述固体对光的吸收效率时，吸收系数 $\alpha = 4\pi k/\lambda_0$ 也是一个常用的特征物理参数，反映的是物质对光吸收的大小，其数值由物质性质与入射光的波长决定。在固体内深度为 x 处的光强度 $I(x)$ 与入射光强度 $I(0)$ 和吸收系数关系如为 $I(x) = I(0) \exp(-\alpha x)$。吸收的效率还与光催化剂对光的散射程度和受光面积有关。他们受到材料的尺寸、结构形状和材料的表面粗糙度等因素影响。

（2）光子的激发及光生电子-空穴对的产生：当入射光子能量 hv 大于或等于半导体的禁带宽度 E_g 时，才有可能发生本征吸收现象。因此本征吸收存在一个波长极限。波长大于此值，不能产生光生载流子。波长小于此值，光子的能量大于能带间隙，从而使一个电子从价带激发到导带时，在导带上产生带负电的高活性电子，在价带上留下带正电荷的空穴，这样就形成电子-空穴对，这种状态称为非平衡状态。处于非平衡状态的载流子不再是原始的载流子浓度，而是比它们多出一部分，多出的这部分载流子称为非平衡载流子。由于价带基本上是满的，导带基本上是空的，因此非平衡载流子的产生率不受原始载流子浓度的影响。

（3）半导体中光生电子-空穴的分离：半导体吸收一个光子后，电子由价带跃迁至导带，但是电子由于库仑作用仍然和价带中的空穴联系在一起，这种由库仑作用互相束缚着的电子-空穴对，被称为激子。激子中的光生电子和空穴通过扩散作用或在外场作用下，克服彼此之间的静电引力达到空间上的分离，被称为电子-空穴的分离过程。由半导体中空间电荷层内产生的内建电场是影响光生载流子分离的主要因素，而电荷层的厚度取决于载流子的密度，同时催化剂中载流子的累积会进一步影响其分离，使得光催化过程的光生电子和空穴的分离效率降低。半导体中空间电荷层内产生的电场分布受材料结构与形状的影响。与此同时，被激发的电子和空穴可能在颗粒内部或内表面附近重新相遇而发生湮灭，将其能量通过辐射方式散发掉，这种概率称为再复合概率。分离的电子和空穴的再复合可以发生在半导体体内，称为内部复合；也可以发生在表面，称为表面复合。当存在合适的俘获剂、表面缺陷态或其他作用时，可抑制电子与空穴重新相遇而发生湮灭的过程，更容易实现分离。分离效率可以用半导体的载流子的寿命来直观表示。当外界作用消失后，非平衡载流子在导带和价带中有一定的生存时间，其平均生存时间称为非平衡载流子的寿命。

（4）光生电子-空穴在半导体内的迁移过程：根据电子和空穴在半导体内的浓度不同，其迁移的主要形式是扩散运动和漂移运动。其中扩散电流是少子的主要电流形式，漂移电流是多子的主要电流形式。无外加电场时，扩散是非平衡载流子在半导体内迁移的一种重要运动形式,尽管作为少数载流子的非平衡载流子的数量很小,但是它可以形成很大的浓度梯度,从而能够产生出很大的扩散电流。对于光催化过程来说,光激发载流子(电子和空穴)扩散至半导体的表面并与电子给体/受体发生作用才是有效的,而对同一材料来说扩散长度是一定的,因此减小颗粒尺寸使其小于非平衡载流子的扩散长度,可以有效地减少复合,提高迁移效率,从而增大扩散至表面的非平衡载流子浓度,提高光催化活性和效率。

(5)光生电子-空穴表面俘获发生氧化还原反应及复合:光激发产生的电子和空穴通过扩散迁移到表面捕获位置,可能发生下面几类反应:① 自身同其他吸附物发生化学反应或从半导体表面扩散到溶液参与溶液中的化学反应;② 发生电子与空穴的复合或通过无辐射跃迁途径消耗掉激发态能量。这几类反应之间存在相互竞争,即界面迁移(化学反应复合:光催化或光分解)和表面复合两个竞争的过程。当催化剂表面预先吸附有给电子体或受电子体时,迁移到表面的光生电子或空穴被供体或受体捕获发生光催化反应,减少电子-空穴对的表面复合。在光催化体系中,半导体粒子表面吸附的 OH^- 基团、水分子及有机物本身都可以充当空穴俘获剂。光生电子的俘获剂主要是吸附于半导体表面上的氧。它既可以抑制电子与空穴的复合,同时也是氧化剂,可以氧化已经羟基化的反应产物。$O_2 \cdot$ 经过质子化作用之后能够成为表面 $OH \cdot$ 的另一来源。半导体表面氧的吸附量影响光催化反应速率,例如:无氧条件下,TiO_2 光催化降解受到抑制。因为载流子的复合比电荷转移快得多,这大大降低了光激发后的有效作用。对于一个理想的系统,半导体的光催化作用可以用量子效率来评价。量子效率指每吸收一个光子体系发生的变化数,实际常用每吸收 1 mol 光子反应物转化的量或产物生成的量来衡量。

1.3.2　光催化氧化反应机理

(1)超氧自由基降解机理:在空穴被表面羟基俘获的同时,光生电子的俘获剂主要是吸附于半导体表面上的氧,以维持半导体表面的电中性。俘获电子产生超氧负离子自由基 $\cdot O_2^-$,它既可以抑制电子与空穴的复合,同时也是氧化剂，可以氧化已经羟基化的反应产物。$O_2^- \cdot$ 经过质子化作用之后，再经反应（1-2）、（1-3）生成 H_2O_2。根据系统中 $\cdot OH$ 含量，H_2O_2 既可以作为 $\cdot OH$ 来源，加速反应进行；也会成为 $\cdot OH$ 清除剂，降低反应速率。

$$e^- + O_2 \longrightarrow \cdot O_2^- \quad\cdots\cdots\cdots\cdots\cdots\cdots\cdots\cdots\cdots\cdots\cdots （1\text{-}1）$$

$$\cdot O_2^- + H^+ \longrightarrow HO_2 \cdot \quad\cdots\cdots\cdots\cdots\cdots\cdots\cdots\cdots\cdots （1\text{-}2）$$

$$2HO_2 \cdot \longrightarrow O_2 + H_2O_2 \quad\cdots\cdots\cdots\cdots\cdots\cdots\cdots\cdots （1\text{-}3）$$

$$H_2O_2 + \cdot O_2^- \longrightarrow \cdot OH + OH^- + O_2 \quad\cdots\cdots\cdots\cdots （1\text{-}4）$$

$$H_2O_2 + \cdot OH \longrightarrow H_2O + HO_2 \cdot \quad\cdots\cdots\cdots\cdots\cdots （1\text{-}5）$$

$$HO_2 \cdot + \cdot OH \longrightarrow H_2O + O_2 \quad\cdots\cdots\cdots\cdots\cdots\cdots （1\text{-}6）$$

（2）羟基自由基降解机理：通常情况下，光催化对有机物的氧化过程都被认为是通过羟基自由基（$\cdot OH$）完成的。数据表明与水接触的 TiO_2 等半导体被羟基化程度高达 10 nm^{-2}，又由于羟基氧化电位比空穴的高，因此空穴在扩散过程中首先被表面羟基俘获，从而产生羟基自由基。生成的羟基自由基能氧化包括难以生物降解的物质在内的大多数有机污染物及部分无机污染物，能将其最终降解为 CO_2 和 H_2O、无害盐类及无机酸等小分子。而且羟基自由基对反应物选择性几乎为零，因此被认为是光催化反应中起决定性作用的物种。

（3）空穴直接氧化降解机理：羟基自由基主要是通过对碳氢键中的氢原子位的抽取、加成达到分解有机物的目的。研究发现在一些不含碳氢键的化合物（如三氯乙酸）的水溶液中光催化反应仍然会发生，而在此反应中没有可供羟基自由基进攻的位置，所以人们推测除了羟基自由基机理，还存在空穴直接转移至底物而导致降解的过程。以 TiO_2 光催化降解乙醛为例，其机理如下。

$$HCOCO_2 + H_2O \longrightarrow HC(OH_2)CO_2^- \quad\cdots\cdots\cdots\cdots\cdots （1\text{-}7）$$

$$HC(OH)_2CO_2^- + h\nu_b \longrightarrow HC(OH)_2CO_2 \cdot \quad\cdots\cdots\cdots （1\text{-}8）$$

$$HC(OH)_2CO_2 \cdot \longrightarrow HC(OH)_2 \cdot + CO \quad\cdots\cdots\cdots\cdots （1\text{-}9）$$

$$HC(OH)_2 \cdot + h\nu_b \longrightarrow HCO_2^- + 2H^+ \quad\cdots\cdots\cdots\cdots （1\text{-}10）$$

（4）气相体系的光催化反应原理：挥发性有机污染物是大气环境的主要问题之一，有关用光催化技术处理气相有机污染物的研究近来越来越受到重视。相比于液相光催化氧化反应，气相光催化反应的应用范围要广得多，例如室内空气净化、食品保鲜等。实验研究表明，大多数有机物在气相条件下也能被光催化氧化成无机物，但不同于液相光催化反应的是，气相反应的体系简单，副反应少，矿化较容易，光利用率高。而且气相光催化反应也不存在像液相反应中那样光线不易穿过反应溶液的问题，这就使反应器的设计要相对简单许多。

对 TiO_2 的研究表明，气体混合物中水蒸气的含量直接影响气相光催化反应的速率。如果无水蒸气或水蒸气含量少，纳米催化剂表面羟基就会逐渐消耗而得不到补充，导致活性物种的缺失，催化剂活性很快消失；如果水蒸气含量过多，就会与底物形成吸附竞争，同样会导致催化剂的活性降低。因此一般认为，气相光催化反应要在混合气中保持一个合适的水蒸气浓度。然而由于有些有机物能矿化产生水，所以也可以不引入水蒸气。

（5）液相体系的光催化反应原理：液相光催化反应的历史更加古老，对它的研究与最初的光解水制氢一脉相承。与气相反应不同的是，水溶液中溶解氧及 H_2O 均会与电子及空穴发生作用，最终产生具有高度活性的羟基自由基和超氧自由基。一般情况下液相光催化反应中 •OH 催化氧化过程占主要地位。然而随着反应底物的变化，溶解氧、超氧自由基、光生空穴均可能对光催化过程有所影响。而且对一些新型光催化剂而言，由于价带位置的提高，空穴直接氧化底物的情况可能变为主导机理。同时反应由于有溶剂的存在，使降解过程更加复杂。

1.4　光催化的技术特征

1. 低温深度反应

光催化技术反应条件温和，在常温下可以将水、空气和土壤中的有害污染物转化成无毒无害的物质。目前传统的处理技术则需要大量的人力、物力、能源才能把污染物转化掉，不管是高温焚烧技术还是深层掩埋，在整个过程中会对环境造成新的污染。

2. 净化彻底

当前所采用的吸附技术未发生化学反应，只是把污染源物理转移，对环境造成的危害仍然存在。但是光催化技术使环境中的污染物发生化学变化生成无毒无害的新物质，反应净化彻底、没有二次污染。

3. 环保绿色能源

利用太阳光为能量源激活催化剂，发生氧化 – 还原反应，而且在反应过程中可以循环利用光催化剂。没有消耗多余的能源，这一点使这项技术更有价值。

4. 氧化还原性强

科研工作者们发现，半导体光催化剂有强氧化性和还原性的特点，光催化的有效氧化剂是 ·OH 的氧化性比较高，难以被 O_3 氧化的某些有机物质如 $CHCl_3$、CCl_4、C_6Cl_6 都能分解，因此适用范围更广。

5. 应用广泛

光催化反应对众多有机物都有效，尤其已经证实 114 种污染物可通过光催化得到治理，基本对大部分有机物都能降解，持续反应可完全转化。

1.5 光催化技术的应用领域

光催化技术主要用于环境治理和能源生产两个大的方面，在环境治理方面主要用于有机污染物的降解、重金属离子的还原、杀菌、表面自清洁等方面，在能源生产方面主要用于光催化制氢、二氧化碳还原制备高价值化工产品等方面。

1.5.1 污染物治理

环境污染可分为水体污染、固体废弃物污染、大气污染和噪声污染等。其中水体污染、固体废弃物污染和大气污染日益严重，已经严重制约了生活质量的提高。研究表明，纳米 TiO_2 能处理多种有毒化合物，可以将水中的烃类、卤代烃、酸、表面活性剂、染料废水、含氮有机物、有机杀虫剂、木材防腐剂、燃料油等很快完全氧化为 CO_2、H_2O 等无害物质（原理如图 1-4 所示）。无机污染物也可以在 TiO_2 表面产生光化学活性获得净化。例如废水中的 Cr^{6+} 具有较强的致癌作用，在酸性条件下，TiO_2 对 Cr^{6+} 具有明显的光催化还原作用。迄今为止，已经发现有 2 000 多种难降解的有机化合物可以通过光催化反应获得降解。

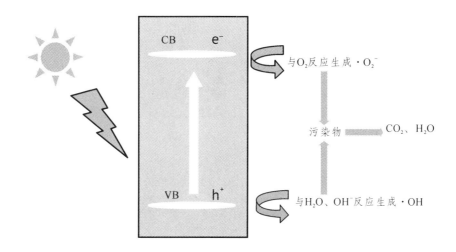

图 1-4　半导体光激发电子-空穴产生原理图

1.5.2　杀菌

空气中的细菌时刻危害着我们的健康，因而光催化技术杀菌同样受到人们的关注。光催化剂与细菌的作用过程显示光催化过程中产生的活性超氧自由基和羟基自由基能穿透细菌的细胞壁，破坏细胞膜质进入细菌体内，阻止成膜物质传输，阻断其呼吸系统和电子传输系统，从而有效地杀灭细菌并抑制细菌分解生物质产生的臭味物质，净化空气。研究还发现光催化杀菌作用可以在光照结束后一段时间里持续有效。因此光催化剂用于制造家用卫生洁具，可以净化家庭环境，保持卫生洁具表面较长时间的清洁状态，目前国内外均有相关产品问世。

1.5.3 表面自清洁

经紫外光照射后的光催化剂表面具有的超亲水性（图 1-5 所示为光照前后自清洁玻璃透光效果对比图）又为其开辟了新的应用领域。将光催化剂做成薄膜镀在基底上，可以得到具有自清洁和光催化性能的新型功能材料，如具有杀菌效果的陶瓷卫生洁具、能分解厨房油烟的瓷砖、可长期保持表面洁净的建筑玻璃等。逐渐发展起来的光催化膜功能材料研究已成为光催化环境净化研究的新方向。

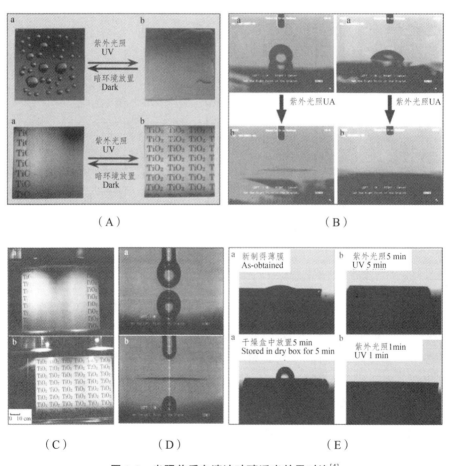

图 1-5　光照前后自清洁玻璃透光效果对比[4]

1.5.4　光解水制氢

氢能是除太阳能以外另一种被人们寄予厚望的新型能源。但是目前氢能的实际利用还存在两个主要问题：一是氢能的来源；二是氢能的存储。第一个问题是氢能能否实际利用的关键，主要障碍在于传统的制氢方法价格昂贵，有环境污染和反应效率较低。目前氢的来源有以下几种：电解水，太阳能分解水，生物制氢，以及化工、冶金等流程制氢。在以上几种制氢方法中太阳能分解水作为一种价格低、无污染、可持续利用的方法，被认为是一种理想的制氢方法（图 1-6 是太阳能光解水原理图）。

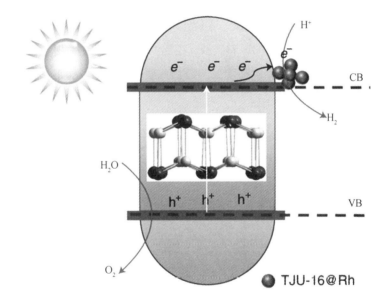

图 1-6　太阳能光解水原理图

1.5.5　二氧化碳能源化

在二氧化碳的光还原方面，由二氧化碳排放引起的温室效应正在改变着全球气候和降水量分布，严重威胁人类生存空间。气候变化委员会（IPCC）研究结果表明，2006—2015 年的高速发展期间，温室效应使地球表面平均气温上升 0.87℃，若 CO_2 持续增长且排放到自然界中，地表温度将快速达到极限，带来的自然灾害将无法估计[5-7]。2020 年，我国首次将碳达峰、碳中和的目标提升到了一个前所未有的需求高度，力争 2030 年实现碳达峰。因此，碳捕集和 CO_2 转化利用成为目前重点关注的领域和亟需开发的技术。因而模拟植物光合作用，用半导体催化剂光还原二氧化碳成为一个比较活跃的研究领域。光催化是一种可利用太阳光实现 CO_2 催化转化的温和反应过程，利用太阳光驱动光催化还原 CO_2 反应得到碳氢燃料成为目前解决能源危机和减小 CO_2 存量的一种潜在策略。目前还原 CO_2 可以得到 CO、HCOOH、HCHO、CH_3OH 等产物（图 1-7 为 CO_2 光催化还原的原理图），只是光转换效率和产物产率都较低，距工业化尚远。但是有希望通过寻找选择性能高、转化率高的催化剂，通过感应器的设计，获得更高的效率。用光催化法还原，不仅能得到有用的有机物，开辟了有机物合成的新的原料路线，还能消除对大气的污染，并能将太阳光的能源储存起来，发展新的能源，因而是一项非常有前景的工作。

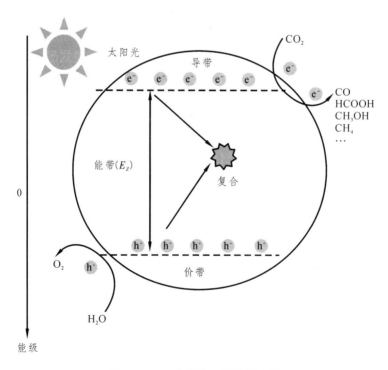

图 1-7　CO_2 光催化还原的原理图

1.6　光催化技术的发展前景

光催化技术是近年来国际上最活跃的研究领域之一,但是目前主要以 TiO_2 半导体为基础光催化技术还存在着如量子产率低、太阳能利用率低及回收困难等几个关键的科学技术难题,使其在工业上的广泛应用受到极大制约。以上问题的根本解决有赖于基础研究的深入,如提高光催化反应的活性,提高光量子产率,拓展光吸收波长等。尽管目前看来,光催化技术离大规模生产和应用还有一段距离,但是其所显示的巨大潜在优异性能是不容忽视的。因此在不久的将来,伴随着这些关键问题的突破,纳米光催化材料的实际应用必将得到实现,并改善我们的生存环境,给我们的日常生活带来更多的便利。

1.6.1　新型光催化材料探索

TiO_2 由于稳定、廉价、无毒等特点是目前应用最为广泛的光催化剂。但这种光催化剂还不够理想,存在诸如可见光利用率低,不易回收、制备条件苛刻、成本高等缺点。因此,目前国内外开展了大量新型光催化剂的探索工作。开发了一系列非 TiO_2 系列的光催化剂,这些催化剂的最大特点是带隙比 TiO_2 窄得多(表 1-1 所示是目前常用光催化材料)。在理论研究方面,光催化研究未来的发展方向将是:设计合成可有效利用太阳能的光催化剂,开发新型高效的非 Ti 系光催化剂,开发光催化剂载体的新材料;对光催化剂进行原位研究;在原子水平上表征光催化活性位;建立与实验证据相符的理论模型。

表 1-1　目前常用光催化材料

光催化材料名称	禁带宽度/eV	优点	缺点
TiO_2	3.0~3.2	化学稳定性好,比表面积大,无毒,价格低,易制备,生物相容性好	无可见光活性,晶体结构易破坏,电子-空穴易复合
C_3N_4	2.7~5.49	具有很好的可见光活性,热稳定性高,表面活性位点多,电子迁移率高,强氧化还原性	光生电子-空穴对易复合,比表面积小,导电性较差,只利用可见光中的蓝紫光

光催化材料名称	禁带宽度/eV	优点	缺点
ZnO	3.37	热稳定性好,抗辐射能力强,无毒无污染,成本低,较强的抗菌性能	光催化效率不高,易发生光腐蚀和溶解而导致稳定性低
WO$_3$	2.5～3.5	降解有机污染物活性高,毒性低,稳定性高,禁带宽度较窄,吸收可见光	易光腐蚀,光催化性能较低,不宜作气相光催化剂
CdS	2.4	可见光的利用率高,可产生荧光,多用于光解水产氢	易发生光刻蚀,电子-空穴对易复合
Ag$_3$PO$_4$	2.43	氧化能力强,反应活性高,制备简单,量子效率高	纯的 Ag$_3$PO$_4$ 本身不太稳定,易光分解

1.6.2 光催化过程活性和能效的提高

活性和能效是评价光催化剂的主要指标,现阶段主要从三个方面进行改进,进而达到提高效果:

(1)对现有光催化剂的结构和组成进行改性,主要包括:减小晶粒尺寸、过渡金属离子掺杂、贵金属表面沉积、非金属离子掺杂、表面光敏化、半导体复合、制备中孔结构光催化剂等。

(2)开发新型光催化剂,特别是如上节所述的非 TiO$_2$ 系列光催化剂。

(3)将光催化过程与外场进行耦合,主要包括微波、超声波、热场、电场。

1.6.3 光催化实际应用拓展

半导体光催化的应用形式并非仅限于光催化剂呈分散的悬浮体系。从实际应用的角度来看,将催化剂固定在载体和光催化剂的薄膜化方面的实验探索越来越普遍。而其应用的范围也不再限于环境保护这一最为重要的课题,已拓展到医疗卫生、化学合成、食品保鲜等许多方面,一些诱人设想对人有所启发,如 Tennakone 探讨了利用月球上紫外光辐射强的特点,以稳定的宽带隙半导体为光催化技术净化月球基地生活用水的可能性[8]。根据光催化的原理不断拓展其应用范围是研究者的共同心愿。

1.6.4　光催化技术的前景

光催化从概念提出到实际产品的应用开发至今已经过了 40 年的时间。在这段时间里，经过各国学者的努力探索，不管是对其机理研究，还是对其产品化研究方面，该领域的研究均取得了很大的进展。然而在其材料功能性方面还远不如预期，无论是在环境污染物净化尤其是在污水处理方面，还是在直接光解水制氢方面，或是在染料敏化太阳能电池方面，他们的效率还很低，远未达到实际应用的要求。因而国内外的科学家们期待从以下几个方面形成突破，进而促进该领域的发展。① 进一步阐明光催化的反应历程，尤其是光生载流子分离、传输及界面转移过程，从理论上明确提高活性具备的条件；② 开发新的光催化反应体系，如光电、光声、光-等离子体等协同催化反应，进一步提升光催化反应的效率；③ 从其他如纳米材料科学、半导体物理学等学科汲取经验和思路，制备高能效和高活性的新型光催化剂；④ 设计合理的反应装置，以应对不同应用领域的需要。

半导体光催化技术既是前沿的基础研究课题，又具有诱人的实际应用前景。随着工业革命的完成，人类社会步入了一个崭新时代。尤其进入 21 世纪以来，科技的发展更是日新月异，人们的生活水平也相应达到了一个前所未有的高度。但在科技进步、经济高速发展的同时，却面临了全球性的能源短缺与环境污染等重大问题。这些问题与我们息息相关，可以说关系着人类的未来。因此在重视物质文明进步的基础上，我们更要重视对与之相伴的能源与环境的问题。如何在减少资源消耗的同时获得最大的产出，如何在开发资源的同时最大限度地保护环境，如何利用已有的资源去开发新的资源，对此，我们应当仔细考虑如何合理开发和利用已有的资源，以及找到新的途径去获取新的资源和保护环境。以半导体材料为核心的光催化技术则为我们提供了一种比较理想的能源利用及污染治理的新思路。光催化技术可以利用太阳能分解水制取绿色能源氢气，可以缓解或部分解决能源危机；利用太阳能降解有机污染物、还原重金属离子等，还能保护土壤及水源，有效地改善我们的环境。光催化是一个崭新的领域，其本质是在催化剂下所进行的光化学反应，因而结合了光化学与催化化学。光催化以其自身利用光能和室温下可完成深度反应的特性，已成为科研领域最为活跃的研究方向之一，并在该领域的基础研究中获得了许多重要奖项。特别是自 Honda-Fujishima 效应发现以来，半导体光催化技术吸引了大量学者从事该领域的科研。而随着研究面的拓展以及深度的不断增加，光催化研究已拓展至能源、卫生、环境、治污、合成等诸多领域。相信，光催化技术因其广阔的前景终会给我们的生活带来巨大福音。

第 2 章　光催化剂性能提升途径及研究现状

光催化技术的关键是制备出高性能光催化剂，从光催化技术的基本理论我们知道，影响光催化剂性能的主要因素有[9-12]：一是光吸收性能，显然光催化剂对太阳光谱吸收范围越宽，吸收率越高，同样情况下将会有更多的光子参与驱动价带中电子发生跃迁形成更多的光生电子-空穴对，有利于光催化性能的提升；二是半导体能带结构，半导体的带隙不能太宽，半导体带隙越宽能激发价带中电子的光子就越少，半导体的导带和价带的位置决定了光生电子-空穴的氧化还原能力，对光催化剂的性能有重要影响，因此合理的能带结构是光催化剂具有良好光催化性能的重要条件；三是光生电子-空穴能够快速分离并快速迁移至催化剂表面，光生电子-空穴在催化剂的体内和表面有很大的概率相遇而发生复合，这是光催化剂性能低下的重要原因，因此需要光生电子-空穴能够快速迁移到表面并快速被捕获参与氧化还原反应；四是催化剂表面需要具有丰富的反应位点。基于影响光催化性能的因素，研究者开展光催化性能的研究。

2.1　光催化剂性能提升的思路

2.1.1　通过掺杂和界面复合调控能带结构、电荷迁移和分离性能

半导体的能带结构强烈地影响其光催化性能，直接调控其禁带宽度、载流子的迁移速率、分离效率等将会明显改善其光催化性能。目前调控的主要方法是对半导体进行掺杂和界面复合。经实验证实这些方法不仅可以减小能带宽度，还能提升光生载流子的迁移率，抑制复合。紫外可见漫反射（UV-Vis-DRS）、X 射线光电子能谱（XPS）、紫外线光电子能谱（UPS）是研究参杂量对能带结构影响的有效手段；X 射线吸收近边结构谱（XANEFS）、X 射线衍射（XRD）、

拉曼光谱（LRS）是研究参杂量对晶体结构的分析方法，光电压谱、交流阻抗谱、瞬态光谱（如荧光寿命）均是研究其电荷分离、迁移与参杂结构关系的方法，顺磁共振（ESR）与活性评价则是研究其光催化机理与参杂结构的关系。这些分析方法为研究掺杂的影响提供了完备的手段。

除了掺杂的方法外，界面复合同样是调整半导体能带结构的常用手段，经过合理的组合，可以使激发光波红移。根据电子转移机理和热力学要求，复合半导体必须具有合适的能级才能使电荷与空穴有效分离，形成更有效的光催化剂。除了半导体-半导体复合外，半导体和绝缘体也可以复合，这些绝缘体大都起着载体的作用。TiO_2负载于适当的载体后，可以获得较高的比表面积和适合的孔结构，并具有一定的机械强度。另外，载体与活性组分间相互作用也可能产生一些特殊的性质，如由于不同金属离子的配位剂电负性不同而产生过剩电荷，增加半导体吸引质子或电子的能力等，从而提高光催化活性。

2.1.2 通过调控晶体结构和缺陷提升光催化性能

光催化基元反应的实质是光生电子和空穴在晶体内部和界面的迁移过程，因而晶型与缺陷对于催化剂的性能有着重要影响。对于前者而言以 TiO_2 为例，TiO_2 有金红石、锐钛矿和板钛矿三种晶型。板钛矿是自然存在相，合成它非常困难，而金红石和锐钛矿则容易合成。一般而言，用作光催化的 TiO_2 主要有两种晶型：锐钛矿型和金红石型，其中锐钛矿型的光催化活性较高。两种晶型结构均可以由相互连接的 TiO_2 八面体表示，两者的差别在于八面体的畸变程度和八面体间相互连接的方式不同。金红石形的八面体不规则，微显斜晶畸变；锐钛矿型的八面体呈明显的斜晶畸变，其对称性低于前者。金红石型中的每个八面体与周围 10 个八面体相连（其中两个共边，八个共顶角），而锐钛矿型中的每个八面体与周围 8 个八面体相连（四个共边，四个共顶角）。这些结构上的差异导致了两种晶型有不同的质量密度及电子能带结构。锐钛矿型的质量密度（3.894 g/cm^3）略小于金红石型（4.250 g/cm^3），锐钛矿型带隙（3.3 eV）略大于金红石型（3.1 eV）。金红石型 TiO_2 对 O_2 的吸附能力较差，比表面积较小，因而光生电子和空穴容易复合，催化活性受到一定影响。至于其他的半导体材料，人们同样发现一些特定的晶体结构对于其催化活性起着重要的作用，并不局限于特定元素。

除了晶体结构外，缺陷对电荷-空穴的产生、分离、迁移以及光吸收性能也均有影响。这些影响同样也可以用 XRD、LRS、DRS、光电压谱、快速光谱、ESR、活性评价等方法来研究。结果表明 TiO_2 表面有三种氧缺陷、晶格空位、单桥空位、双桥空位。表面缺陷越多的 TiO_2 越容易吸附气体分子。由于不同晶体表面产生空位的难易程度不同，造成了活性晶面选择性问题。经研究发现 TiO_2 晶面上的光催化反应活性（100）>（110）>（111）。控制合成具有高活性晶面半导体光催化剂成为当今研究的热点问题之一，Susman 等[13]研究了 NiO 晶体在不同前驱体及制备条件下获得的晶体晶面的暴露情况，发现改变反应条件及前驱体可以有效调控生成晶体的晶面裸露情况（图 2-1 是不同制备条件下获得的具有不同表面暴露的 NiO 晶体）。研究发现有缺陷的金红石型 TiO_2（001）晶面上的光解过程的反应速率高于无缺陷的。他们认为表面上增加的氧空位有利于吸附羟基的反应活性提高和 H_2O_2 的生成。然而，在晶体内部晶格缺陷也可能形成载流子复合中心而导致光催化活性的下降。

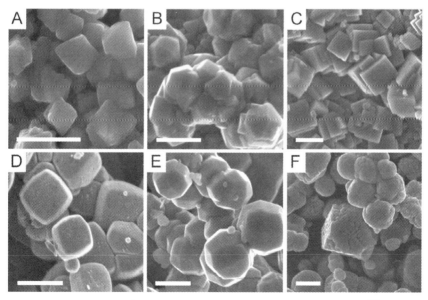

图 2-1　不同制备条件下获得的具有不同表面暴露的 NiO 晶体[13]

2.1.3 表面修饰和杂化

从光催化的机理出发，我们可以看到，要提高光催化效率，一个重要的方面就是要减少光生电荷的复合，提高光生载流子的分离效率。从贵金属改性光催化剂可知，利用贵金属材料与光催化剂之间在界面上形成的肖特基结可以有效地促进光生载流子的分离，来提高光催化效率；半导体复合可以在半导体界面上形成能级的匹配来抑制光生载流子的复合；还有研究发现将 P 型半导体与 N 型半导体复合，这样可以在界面形成 PN 结，可以有效促进光生电荷的分离。从以上的几个例子可以看到，如果可以在光催化剂的表面形成合适的电子相互作用，便有可能改进光催化剂表面的光生电荷的分离，进而提高光催化效率。共轭大 π 键体系材料近年来由于其特殊的导电性受到广泛的关注，石墨、聚苯胺、富勒烯、石墨烯均是最典型的具有共轭大 π 键体系的材料，并且石墨材料对于光催化氧化过程是稳定的。因此，如果可以将石墨材料与光催化剂进行复合，并在界面形成电子相互作用，可以促进光生电荷-空穴分离，提高光催化活性。

2.2 光催化剂掺杂改性研究现状

TiO_2 是当前研究最广泛也是最深入的光催化剂，因此以 TiO_2 为例来阐述光催化剂的掺杂改性研究现状。TiO_2 的离子掺杂改性就是采用物理或化学方法将离子引入 TiO_2 晶格结构中，当引入离子后，一方面会在晶格中引入新电荷，另一方面会引起 TiO_2 晶格结构发生畸变或晶型发生转变，同时形成缺陷，这些变化会引起 TiO_2 晶体能带结构发生变化，还会影响其中光生电子-空穴的运动或分布状态。

TiO_2 的离子掺杂改性所涉及到的离子主要有过渡金属离子、稀土金属离子以及 C、N、S、P、F 等非金属离子。在 TiO_2 晶体中掺入少量过渡金属离子（比如金属 Fe）就可以产生缺陷，这些缺陷可以捕获光生载流子，延长光生电子-空穴对复合时间，降低复合概率[14-18]。在 Murakami 和 Elahifard 等学者开展的 Ni 金属掺杂研究中也得到了类似结论，在他们的研究中，通过 Ni 掺杂，TiO_2

晶体中光生电子-空穴对复合被有效抑制,从而导致光催化性能得以提升[19, 20]。一般过渡族金属离子加入 TiO$_2$ 晶体还可以向可见光拓展光吸收的波长范围,从而提升光催化对太阳光的利用率,增强光催化性能。Weng 和 Shao 等人的研究发现,在 TiO$_2$ 晶体中掺入少量金属 V 后,光催化剂的光吸收范围得到了扩展,光催化性能得到了明显提升[21, 22];任庆云等采用溶胶-凝胶法制备了 Zr 掺杂 TiO$_2$ 粉体,研究发现掺杂有 Zr 的 TiO$_2$ 粉体光吸收能力增强,在可见光下的光催化性能得到提高,当 Zr 的含量为 3 %(质量分数)时,降解效率最高,比未掺杂 Zr 的 TiO$_2$ 提升了 6 倍[23]。一般来说,当掺杂离子半径与 Ti^{4+}半径接近,电位与 TiO$_2$ 晶体导带和价带较为匹配时,掺杂后光催化剂的光催化性能得到较大的提升,此外掺杂离子的最外层电子及价态也对掺杂后晶体的光催化性能有一定的影响[24-27]。通过过渡金属离子掺杂确实可以提升 TiO$_2$ 晶体光催化性能,但是大多数研究表明,这种性能提升并不能随着杂质离子的掺杂浓度的提升而持续提高,而是有一个最佳离子掺杂浓度,当掺杂离子浓度超过这一值时,光催化性能反而会下降[28-31]。

除了过渡金属外,稀土金属掺杂也可以提升 TiO$_2$ 光催化性能。稀土钇被用来对 TiO$_2$ 晶体进行掺杂改性,研究结果表明掺杂有稀土钇的 TiO$_2$ 光吸收带边向可见光区平移,晶粒尺寸变小,可以阻止从 TiO$_2$ 锐钛矿相向金红石相转变,抑制光生电子-空穴对复合[32-34]。除了稀土钇外,人们对稀土镧、铈、钕的掺杂也开展了广泛研究,普遍发现稀土元素较多的电子能级可以成为光生载流子浅势捕获陷阱,这些陷阱可以延长光生载流子寿命,降低光生电子-空穴对复合概率;稀土元素除了可以吸收紫外光外,还可以吸收可见光、红外光,因此通过掺杂可以拓展 TiO$_2$ 光吸收范围,提升了对太阳光的利用率,提升了光催化性能;此外稀土元素具有储氧能力,这使得稀土掺杂 TiO$_2$ 表面吸附的氧可以大量快速捕捉光生载流子,起到抑制光生电子-空穴复合的作用,且使表面参与反应的电荷增加,从而提高了催化剂光催化活性[35-38]。尽管通过稀土离子掺杂可以提升 TiO$_2$ 光催化剂的光催化性能,但是和过渡金属掺杂一样,稀土离子掺杂也不是可以无限提高光催化性能的,当稀土离子掺杂达到一定程度时,继续掺杂反而会降低光催化性能[39-42]。

非金属离子掺杂也能有效提升 TiO_2 光催化性能，但与金属离子掺杂不同，非金属离子掺杂所掺杂离子多数取代 TiO_2 晶体中氧离子的位置，通过掺杂一般可以降低 TiO_2 晶体带隙，向可见光区拓展光吸收范围，抑制光生电子-空穴对复合，引入氧空位，影响 TiO_2 各晶型间转化，从而影响光催化剂光催化性能[43-47]。研究发现将炭黑掺入水热合成的 TiO_2 纳米线中，可以制备出碳掺杂 TiO_2 纳米棒，与未掺杂水热合成 TiO_2 纳米线相比，碳的掺杂影响了产物形貌，导致了晶格畸变和带隙减少，将光吸收范围拓展至可见光区，在紫外和可见光区增强了光催化性能[48]。氮的掺杂也被广泛研究，大多研究表明，氮的掺杂可以提升 TiO_2 晶体光吸收性能，抑制光生电子-空穴复合，提升光催化性能[49-51]。P 的掺杂可以提高 TiO_2 晶体比表面积，增强热稳定性，抑制 TiO_2 从锐钛矿相向金红石相转变，同样也能降低带隙，抑制光生电子-空穴复合，从而增强光催化性能[52, 53]。

总的来看通过掺杂之所以能提高 TiO_2 晶体光催化性能，原因主要有：① 掺杂可以形成电子和空穴的捕获中心，通过捕获电子和空穴延长光生载流子寿命，降低光生电子-空穴复合概率；② 掺杂可以形成带隙中掺杂能级，使能量更低的光子可以激发生成电子和空穴，提高太阳能利用率；掺杂可以造成晶格缺陷，有利于形成 Ti^{3+} 缺陷，促进光催化性能提升。但是应该看到通过掺杂来提升 TiO_2 晶体光催化性能，其提高的程度依然十分有限，光催化性能只有在掺杂离子浓度较低时才会随掺杂浓度增加而增强，并不能随着掺杂离子浓度的提升无限增加，当掺杂离子超过一定浓度后光催化性能反而呈下降趋势。

2.3　TiO_2 的黑色化改性

黑色 TiO_2 具有优异的光吸收性能，能将对太阳光谱的吸收范围扩展至近红外区，且具有高的光吸收率，良好的光催化活性[54]。黑色 TiO_2 一词最早是由 Chen 等 2011 年发表在 *Science* 的一篇文章中提出的，在 TiO_2 表层引入氧空位、Ti^{3+}、Ti—H 键等缺陷是其呈现黑色的原因，也是其具有可见光吸收能力和光催化活性增强的原因，在后续的研究中人们更为关注的也是黑色 TiO_2 所具有的可见光吸收性能的获得、光催化活性的增强以及与之密切相关缺陷物种的引入[54-57]。因此，目前把通过各种制备路线在不同条件下制备的具有表面缺陷层的 TiO_2，均视为黑色 TiO_2 研究范畴，尽管其颜色可能是灰色、棕色，甚至是蓝色、黄色，只要他们引入了缺陷，增加了对可见光的吸收，具有了更好的光催化活性[58, 59]。

　　典型黑色 TiO_2 具有核壳结构，无序层作为壳层包裹着 TiO_2 晶核，在无序层和晶核之间通过一层过渡层连接，这一结构的形成是由黑色 TiO_2 制备方法决定的，以氢化法为例，在氢气氛围下退火，TiO_2 表层氧原子首先被氢夺取形成缺陷层即紊乱层，随着退火时间推移，紊乱层逐渐向晶体内部增厚，但深处晶体不受影响，在紊乱层和内层晶体间是紊乱层不断深入的过渡层，这样就形成了由过渡层连接的核壳结构。许多研究认为黑色 TiO_2 这种结构实际上构建了同质节，是黑色 TiO_2 获得增强光催化活性的重要原因[60, 61]。

　　当前学者对黑色 TiO_2 具有上述核壳结构并无异议，分歧主要存在于黑色 TiO_2 的缺陷物种，正是这些缺陷造就了其独特的核壳结构。多数研究认为非晶态无序壳层是由于在原始 TiO_2 表层引入氧空位、Ti^{3+}、Ti—H 键、表面羟基等缺陷造成的，但不同的研究，不同的合成路线对出现的缺陷种类存在分歧，此外还有研究认为黑色 TiO_2 无序壳层中存在 Ti_2O_3、Ti_4O_7 等物相，甚至 Tian 等人研究后认为黑色 TiO_2 的最外层是 Ti_2O_3 无序层（见图 2-2）[62]。

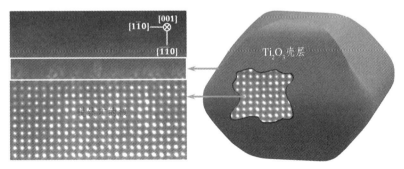

图 2-2　黑色 TiO_2 纳米颗粒结构示意图[62]

　　当前用于合成黑色 TiO_2 的方法有很多，不同的合成技术路线，同种技术路线下的不同合成条件对黑色 TiO_2 缺陷的种类、位置、浓度及形貌有不同的影响，从而影响黑色 TiO_2 光催化活性[57, 63, 64]。氢化法制备黑色 TiO_2 是最早也是最常见的制备方法，该方法是将 TiO_2 置于 H_2 气氛下在一定压强、较高温度下保持一定时间来制备黑色 TiO_2，通常在这种方法中温度、压强和时间是影响黑色 TiO_2 性能的最重要因素[57]。在纯氢气气氛制备黑色 TiO_2 方法的基础上，后来有研究人员也采用 H_2+惰性气体（N_2、Ar 等）氛围制备黑色 TiO_2，其原理和缺陷形成机制和氢化法类似，但在安全性上与氢化法相比得到了很大提升[65]。也有学者将 H_2 气换成真空和纯惰性气体氛围，通过氢化法相同的方法也制备出了黑色 TiO_2，但其缺陷形成机制却有很大不同。在氢气氛围下氧空位的形成机制是氢气分子带走 TiO_2 晶格中的氧原子形成水而在晶格上留下氧空位（$H_2 + O_L \longrightarrow H_2O + V_O + e^-$），而在真空或惰性气体氛围下，形成氧空位的反应如下：$O_L \longrightarrow 1/2 O_2(g) + V_O + e^-$。为了提高制备的安全性和效率，有学者还发展出了金属还原法制备黑色 TiO_2，这种方法采用双温区管式真空炉，将金属（Al、Mg）和 TiO_2 分别置于管式炉的不同温区，设置不同的温度，保温一定时间，从而实现大量制备黑色 TiO_2，这种方法制备的黑色 TiO_2 同样具有核壳结构，能将光吸收范围扩展至红外光区。上述方法是最典型的制备黑色 TiO_2 技术路线，除了上述方法以外，还有很多制备方法，比如化学还原法、电化学法、离子束法、激光法等，所有的方法从本质上看都是通过在 TiO_2 晶体引入各类缺陷从而改变其形貌、颜色、能带结构等，以达到改变其光电性能，最终实现其光催化性能提升的目的。

尽管黑色 TiO_2 已成功将光吸收范围扩展到可见及红外光区，对太阳光的吸收率也提高到 60%以上，但光催化性能却始终提高有限。主要原因是对黑色 TiO_2 来说可见光光量子效率低下，光催化活性难以提升，这可能主要是可见光激发载流子快速复合所致，因此当前提高黑色 TiO_2 光催化性能的研究主要集中在提升其可见光催化活性的提高上[66-68]。通过两种材料的复合杂化或者构建异质结可以有效促进光生载流子分离，抑制复合。为了提高黑色 TiO_2 可见光催化活性，当前很多研究正在按照这一思路开展，取得了一定成效。Pan 等通过简单的水热沉积和还原工艺成功制备了黑色 $TiO_2/g\text{-}C_3N_4$ 空心核壳纳米异质结，所制备的黑色 $TiO_2/g\text{-}C_3N_4$ 空心核壳纳米异质结表现出显著的光催化制氢活性，其催化活性分别是普通 TiO_2 和 g-C_3N_4 的 18 倍和 65 倍，作者研究认为其中核壳纳米异质结可以驱动光生载流子转移以促进光生载流子的分离，是有效提高光催化性能的关键[69]。Kang 等采用快速简单的金属磁控溅射方法，将高度均匀的金纳米粒子助催化剂置于钛膜上原位电化学阳极氧化法制备的介孔黑色二氧化钛纳米管阵列的顶部，这种结构的光催化剂显示出大大增强的电荷分离和电荷转移行为，与传统的二氧化钛纳米管相比，光催化 H_2 释放反应性显著提高了 10 倍[70]。Zhang 等人制备了由黑色 TiO_2 包覆的 Cr‐$SrTiO_3$ 光催化剂，与单独的黑色 TiO_2 光催化剂相比，该催化剂对可见光的吸收增强，对异丙醇的光降解活性更高[71]。

2.4　TiO_2 表面贵金属沉积改性

TiO_2 表面贵金属沉积改性就是将贵金属分散到 TiO_2 晶体表面，利用贵金属的表面等离子体共振效应以及贵金属和 TiO_2 晶体间形成的肖特基结作用，来改善催化剂光吸收性能，抑制光生电子-空穴复合，从而提高其光催化性能的方法。表面等离子体共振效应是指贵金属表面的电子在一定条件（如光照）下引起集体振荡的效应。如图 2-3（a）所示，表面等离激元共振是指某些金属材料颗粒在特殊频率（与金属材料的共振频率耦合）的光辐射下，导致为抵抗正电荷回复力的电子发生集体振荡从而增加光的吸收峰。当具有这种作用的纳米金属颗粒和光催化剂产生复合时，通过电子注入[见图 2-3（b）]、局域电磁场增强[见图 2-3（c）]或者多次光散射机理[见图 2-3（e）]可以大幅度增强光催化剂的活性及效率[72][见图 2-3（d）]。TiO_2 表面贵金属沉积改性所使用的金属主要是金、银、铂、钯等金属，这些贵金属在光照下常常会存在等离子体共振效应从而影响复合材料对太阳光的吸收性能，由于贵金属的费米能级低于 TiO_2 晶体，当贵金属在 TiO_2 晶体表面沉积时电子便会从费米能级高的 TiO_2 晶体迁移至贵金属表面，从而在金属与 TiO_2 晶体交界面上形成肖特基结，实现对光生电子-空穴的分离作用，抑制复合[73-77]。

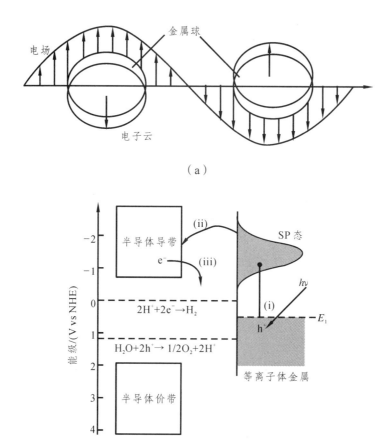

（a）

（b）

（c）

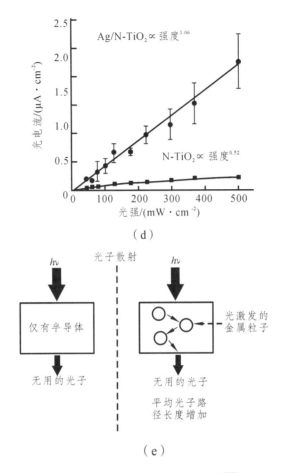

（d）

（e）

图 2-3　等离子体共振光催化原理[72]

郝瑞鹏等采用光沉积法分别制备了在 TiO_2 表面负载 1% Pt、Au、Ag 的复合光催化剂，研究发现由于这些贵金属的负载有效促进了光生电子-空穴对分离，抑制了复合，从而提高了催化剂反应活性[78]。李玥等采用阳极氧化法在钛网上制备了 TiO_2 纳米管阵列，并通过循环伏安法在 TiO_2 纳米管表面沉积 Ag 成功制备了 Ag/TiO_2 纳米管复合材料，研究发现 Ag 的沉积显著提升了光催化剂光吸收性能，从而提升了催化剂的光催化性能[79]。An 等设计并制备了 $Ag_xAu_{1-x}/ZnIn_2S_4/TiO_2$ 复合光催化剂，在这个复合物中 Ag_xAu_{1-x} 纳米颗粒负载在 $ZnIn_2S_4$ 和 TiO_2 表面，研究发现 Ag_xAu_{1-x} 纳米颗粒中 Au 和 Ag 的比例可以调控复合光催化剂光谱吸收的范围，而且 Ag_xAu_{1-x} 纳米颗粒对复合物光生电子和空穴的分离有明显促进作用，复合光催化剂表现出了优异光催化性能[80]。表 2-1 列出了一些文献中的贵金属表面修饰复合光催化剂合成方法、形貌及光催化特点。

表 2-1　贵金属表面修饰复合光催化剂的合成方法、形貌及光催化特点[81]

光催化剂	合成方法	形貌	光催化特点
Au/TiO_2	改进浸渍法	颗粒	563 nm 波长出现共振吸收峰
$Ag@AgCl/Bi_2WO_6$	水热法和沉淀法	片层结构	420～700 nm 波长出现共振吸收峰
$Ag@AgI/N$	水热法	纳米管结构	光响应从紫外光拓展到大于 450 nm 可见光
Ag/TiO_2	常压水热法	纳米管结构	光响应红移 40 nm
$Au@Ag/TiO_2$	粉末-溶胶法	核壳结构	420 nm 波长出现共振吸收峰

总的来看，通过在 TiO_2 表面负载贵金属确实起到了增强光催化性能的作用，但是这种改性方法也存在着一些问题：① 贵金属普遍较为稀少昂贵使得负载有贵金属的光催化剂成本较高；② 研究发现通过这种方法提升催化剂性能也存在着一个最佳负载量，超过最佳负载量后光催化性能反而会出现下降。

2.5　TiO_2 异质结改性

所谓 TiO_2 异质结改性就是将 TiO_2 与另外一种半导体材料结合在一起，由于两种材料间具有不同费米能级，因此会在结合面区域引起电荷的迁移，形成空间电荷区，也就是形成异质结[82-84]。形成异质结后，构成异质结的两种半导体均可以吸收能量大于他们禁带宽度的光子将价带的电子激发到导带，因此通过构建异质结形成的复合光催化剂能够利用窗口效应拓展宽禁带半导体光吸收范围，这是异质结改性提升光催化性能的原因之一；更为重要的是，当异质结形成后，由于内建电场的作用使光生电子和空穴反向运动，从而实现光生电子和空穴的快速分离，抑制其复合，这是异质结改性提升光催化性能的最为重要的原因。

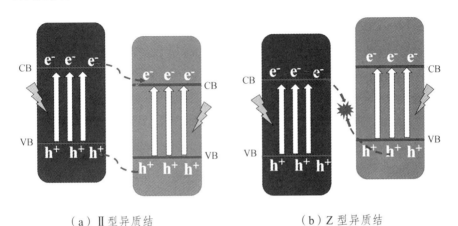

　（ a ）Ⅱ型异质结　　　　　　　　　　（ b ）Z 型异质结

图 2-4　异质结示意图

通常能够实现提升光催化性能的异质结主要有Ⅱ型和 Z 型两类，这两种类型异质结的构建及光生载流子迁移情况如图 2-4 所示。构成Ⅱ型异质结的两种半导体能带关系如图 2-4（ a ）所示，两种半导体价带顶和导带底相互交错，且其中一个半导体价带顶和导带底位置均高于另一个半导体，也就是一个半导体的导带底和价带顶的电位均低于另一个半导体（规定零电位后，半导体能带位置越高电位越低，能带位置越低电位越高如图 2-5 所示），电子和空穴分别带有负电和正电，电子从低电位导带迁移至高电位导带，空穴则从高电位价带迁移至低电位价带，从而实现光生载流子的分离，但是这种异质结在成功实现光生载流子分离时也造成了迁移光生载流子氧化还原能力的降低；构成 Z 型异质结的两种半导体能带关系如图 2-4（ b ）所示，两种半导体的价带顶和导带底也是相互交错，且其中一个半导体的价带顶和导带底位置均高于另一个半导体，但是与Ⅱ型异质结不同的是 Z 型异质结实现光生电子和空穴分离的方式是靠高电位导带电子与低电位价带空穴复合来实现的,这样就使得具有更强还原性的电子和具有更强氧化性的空穴分别保留在原半导体中而得以分离,且得以分离的空穴和电子保持了原有较强氧化还原性。

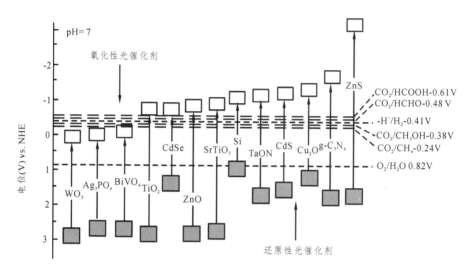

图 2-5   几种典型光催化剂的能带结构[85]

除了上述异质结改性外还有一种十分特殊的异质结改性,这种异质结是由同种物质的不同物相构成的,常常称为同质结。同质节和普通的异质结一样可以促进光生电子空穴对快速分离,抑制复合,同时由于构成同质结晶面晶格错配较低使得光生载流子在同质结中的迁移率十分高,这十分利于光生载流子的快速分离,因此同质结改性也表现出了十分出色的提升光催化降解性能的效果[86-88]。

2.6   TiO₂ 的形貌调控

TiO₂ 的晶型、晶面、晶粒大小、晶体形状等均会对 TiO₂ 的光催化性能产生影响,因此通过分别或综合调控 TiO₂ 晶型、晶面、晶粒、形状将会获得高性能的 TiO₂ 光催化剂,这种提升光催化剂光催化性能的方法就是形貌调控法。形貌调控之所以能提升光催化性能是因为通过形貌调控可以改善催化剂的比表面积、光吸收性能、光生载流子的分离和传输性能、表面的反应活性。

　　TiO_2 包括 3 种晶体常见晶型，分别是锐钛矿、金红石和板钛矿，他们的基本结构单元都为 TiO_6^{8-} 八面体，但是由于原子的排列方式不同，导致 3 种晶型的物理化学性能有所差异。研究表明 3 种晶型中锐钛矿 TiO_2 比较稳定，光催化活性最高。板钛矿 TiO_2 结构不稳定，自然界中存在较少。金红石 TiO_2 最稳定，可以由锐钛矿和板钛矿相加热制备得到。

　　TiO_2 不同晶面的电子结构和表面能不同，导致不同晶面的氧化还原能力不同，从而影响光催化性能。研究表明，锐钛矿 TiO_2 高表面能的（001）晶面具有较好的光催化活性。但是在合成的过程中，为了使总表面能最小，高表面能的晶面在晶体生长过程中迅速减少，导致锐钛矿相 TiO_2 晶体大多数暴露的晶面为反应活性较差的（101）晶面。使用 HF 酸等晶面调控剂可以增加（001）晶面的暴露比例。

　　TiO_2 的晶粒尺寸的大小直接影响 TiO_2 的比表面积，进而影响其表面反应活性中心的数量。一般来说，晶粒尺寸越小，比表面积越大，反应活性位点越多，光催化活性越高。另外，小的晶粒尺寸也有助于缩短光生载流子在 TiO_2 体相内的传输距离，导致更多的光生载流子迁移到 TiO_2 表面进行催化反应。但是，晶粒尺寸减小会伴随着结晶度下降，表面缺陷增多，导致光生电子-空穴复合概率增加，光催化活性降低。因此，光催化剂的活性受晶粒尺寸和结晶度共同影响。

　　所制备的纳米 TiO_2 的形状不同，其晶粒尺寸、晶面比例、比表面积、光吸收性能、光生载流子的分离和传输以及表面活性都有很大差异。图 2-6 总结了不同纬度下不同形状的 TiO_2，零维 TiO_2 纳米结构的晶粒尺寸比较小，比表面积较大，表面反应活性高。一维 TiO_2 纳米结构的横向尺寸较小，载流子传输距离较短，这有利于光生载流子的迁移。二维 TiO_2 纳米结构不仅有较短的光生载流子传输距离，也有较多的表面活性位点，同时能最大程度地暴露高活性的（001）晶面。三维中空 TiO_2 纳米结构可以对光进行多级散射和反射，增大了光的吸收效率，同时三维中空 TiO_2 纳米结构也具有大的比表面积和多的反应活性位点。

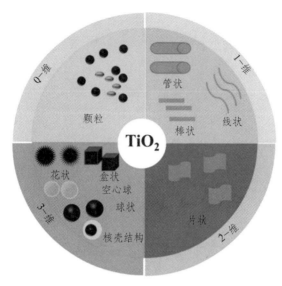

图 2-6　不同形貌的 TiO_2 纳米材料

　　总的来看形貌调控单独使用时对催化剂的性能提升是有限的,往往需要与其他方式协同使用,通过协同可以进一步提升其他改性方法的效果。

2.7　TiO_2 改性总结及发展意见

　　总的来看,通过对 TiO_2 改性来提升其光催化性能的方法主要有掺杂、黑色化、表面贵金属沉积、构建异质结等方法。掺杂法通过在带隙中引入杂质能级、改变能带结构从而改善 TiO_2 对可见光的吸收能力;掺杂也可以通过形成电子/空穴陷阱增加载流子寿命,降低载流子复合概率;一些非金属离子的掺杂还可以改善光催化剂表面吸附及亲水性能,这些性能的改善均可以提升光催化降解性能,但是掺杂法普遍存在最佳掺杂浓度,当超过这一掺杂浓度时,改性催化剂性能反而降低,这就使得掺杂法改性催化剂性能提升较为有限,且可操作性不强,最佳掺杂浓度难以控制,掺杂法的这些缺点使得其应用前景比较黯淡,当前的研究也正逐渐减少。TiO_2 的黑色化改性,因其改性后所具有的非凡可见光吸收性能曾经掀起过人们的极大研究热情,但是由于其光生电子-空穴对易于复合,光量子效率低下,其光催化性能一直不够显著,且对其物理机制研究十分困难，许多机制还不清楚，因此实现其实际应用依然有较长的路要走。表面贵金属沉积改性是一种比较有效的光催化剂改性方法，但是由于贵金属稀少昂贵，使得这种改性方法想要进入实际应用十分困难。但是，当前出现的具有超强导电性的二维材料赋予了这种改性方法新的生机，当前的一些研究表明采用石墨烯、Ti_3C_2 MXene（Ti_3C_2 MXene 制备过程及典型形貌如图 2-7 所示）等具有良好导电性的二维材料取代贵金属与半导体材料构建出肖特基结复合光催化剂能够显著提升光催化降解性能[89-91]。因此通过构建同/异质结、肖特基结来获得具有良好光催化性能的 TiO_2 基复合光催化剂是当前 TiO_2 光催化性能提升的最佳途径。

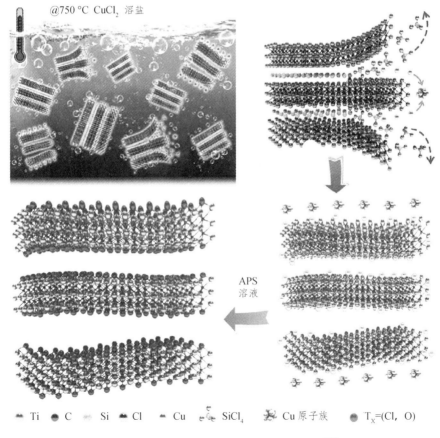

@750 ℃ $CuCl_2$ 溶盐

APS 溶液

Ti　C　Si　Cl　Cu　$SiCl_4$　Cu 原子族　T_X=(Cl, O)

图 2-7　Ti_3C_2 MXene 制备过程及典型形貌[92]

第3章　光催化研究的分析测试方法及原理

光催化技术的发展依赖于高性能低成本光催化剂的成功研发制备,材料的研究离不开对材料物理化学性能、晶体结构、形貌特征、表面结构进行全面的表征。这些测定的特征参数与材料的组成和性能之间的关系为材料结构设计及性能提升提供了依据。因此,研究光催化材料微观结构的表征对认识光催化材料的特性、推动光催化材料的应用有着重要的意义。光催化材料的检测与表征技术涉及单一微束与场结合的各种分析手段,这些微束包括光子、电子、中子、离子束,场包括热、电、声、磁场,激发、散射、吸收、光电离。目前发展光催化材料的检测和表征技术有两条重要途径:一是创新技术,建立新原理、新方法;二是对传统分析技术的改造。

光催化技术属于纳米技术,当前随着纳米技术的快速发展对其材料的表征和测量提出了迫切要求,如何去表征测量纳米材料摆在了测量技术科学家的面前。自1984年Binning和Rohrer首先研制出扫描隧道电子显微镜(STM)以来,人们在纳米级、原子级水平上研究物质有了飞快发展。基于纳米表征的有力手段——扫描探针显微镜(SPM)技术的STM、原子力显微镜(AFM)和分子力显微镜(MFM)等已发展成为商品。对纳米颗粒粒径及其分布、形态、比表面积和微结构的分析技术已日趋成熟,主要的表征分析手段有动态/静态激光散射(LCS/DCS)、透射电子显微镜(TEM)、高分辨电子显微镜(HRTEM)、STM、AFM、X射线衍射(XRD)、拉曼光谱(RS)和比表面测试仪等,其中LCS/DCS是近年来发展起来的一种表征纳米颗粒粒径的方法。在电子与光子束分析技术中应用较多的是俄歇电子能谱法(AES)、X射线光电子能谱法(XPS)、能量色散光谱法(EDX)等,前两者可应用于显微分析和深度剖面分析,后者则准确地给出纳米微区化学成分及价电子的结构信息。此外,还有紫外电子（UPS）、电子束激光散射法及电子能量损失谱法（EELS）等。在显微分析技术中，应用较多的是电子显微技术，包括 TEM、扫描电子显微镜（SEM），其分辨率可达到 0.11 nm，主要用来分析纳米材料如纳米微球、纳米管和纳米棒等的微结构。几种显微镜技术的性能比较见表 3-1。其他分析技术有低能电子与离子投影显微技术和电子全息摄影技术和 X 射线显微技术等。较有前途的两种显微成像技术是光电子散射显微技术（PEEM）和低能电子显微法（LEEM）。隧道扫描显微技术、原子力显微技术、光学近场扫描显微技术，其他还有光能扫描显微技术、磁力显微技术、扫描场发射电子显微技术、光子旋转扫描显微技术（PSTM）及自转扫描能谱分析法等都属于扫描探针技术，他们是纳米测量的核心技术，其中 AFM 技术可获得 0.11 nm 的横向分辨率和 0.10 nm 的纵向分辨率，已成为表面分析领域中最通用的显微分析方法。测量粗糙度方面的方法有激光干涉测量技术、表面增强拉曼光谱仪（SERS）和电子顺磁共振仪（EPR）等。根据所测量对象的不同，在研究和实际操作中把多种仪器设备加以组合，可得到满意的结果。随着科学的进步，新的表征手段不断涌现，人类对微观结构的认识也不断深化，必将进一步推动社会的进步，造福于人类。下面详细介绍各种表征方法及相应的原理。

表 3-1 几种显微技术的性能指标对比

类型	分辨率	样品环境	温度	样品破坏	检测深度
扫描隧道显微镜（STM）	原子级（垂直 0.01 nm，横向 0.1 nm）	溶液/真空	室温或低温	无	1~2 个原子层
扫描探针显微镜（SPM）	原子级（0.1 nm）	溶液/真空	室温或低温	无	100 μm
透射电子显微镜（TEM）	点分辨率（0.3~0.5nm），晶格分辨率（0.1~0.2 nm）	高真空	室温	小	一般小于 100 nm
扫描电子显微镜（SEM）	6~10 nm	高真空	室温	小	10 mm（10 倍时）
场离子显微镜（FIM）	原子级	超高真空	30~80K	有	原子厚度

3.1　物相分析测试方法

3.1.1　X 射线衍射（XRD）分析测试

X 射线衍射（XRD）是利用波长为 50～250 pm 的 X 射线照射至晶体，与规则排列的点阵产生相互作用，作用强度和方向出现一定分布的现象。由于在 X 射线产生过程中会出现多个波长的射线，为了获得单一波长的射线，通常使用金属薄片吸收 K_β 线，仅留下 K_α 线用于衍射，在利用 X 射线衍射测定 TiO_2 晶型的研究中，衍射方向和强度是最基本的两个指标，对于金红石和锐钛矿，对应于不同的衍射方向各自有不同的强度，即有不同的衍射峰位置。参照粉末衍射标准联合委员会(the Joint Committee on Powder Diffraction Standaards，JCPDS）提供的标准 PDF 卡片（powder diffraction file，粉末衍射卡片）可以来确定晶型，物质的 PDF 卡片上列出了该物质的各个晶面间距、衍射线相对强度、干涉指数（衍射指标）的数据，也列出了物质的名称、化学式、测定条件、制样方法、物性数据、晶体光学数据等相关资料。而 TiO_2 纳米晶的尺寸可以通过比较特定峰位的半峰宽来获得，尺寸越大，半峰宽度越小。而特定晶面的结构周期性可以通过测量该晶面对应的峰高来获得，周期性越好，晶面重复次数越多，特定位置的射线强度越大。

图 3-1 中 X 射线粉末衍射仪是由德国布鲁克公司生产的 BRUCKER D8 ADVANCE X 射线衍射仪，该衍射仪是当今世界上最先进的 X 射线衍射仪系统，其测量精度：角度重现性 ±0.0001°，测角仪半径：≥200 mm，测角圆直径可连续变化，靶源有铜靶和钴靶，最小步长：0.0001°，角度范围：$0.2° \leq 2\theta \leq 140°$，温度范围：室温 – 1 500 ℃，最大输出功率：3 kW，管电压：20～60 kV，管电流：10～60 mA。它软硬件功能齐全，能灵活地适应粉末、薄膜及完全晶体的各种微观结构测定、分析和研究任务。

图 3-1　德国布鲁克公司生产的 BRUCKER D8 ADVANCE X 射线衍射仪

3.1.2　电子衍射（ED）分析测试

电子在经过单晶时，会与点阵发生相互作用，产生弹性散射，出现衍射强度同入射方向及能量的对应关系，通过分析衍射图样与强度，可以获得晶体的结构信息。Davisson 与 Kunsman 对 Ni 多晶进行反向散射实验时首次观察到了不同角度的强度分布存在各向异性，这是最早关于电子衍射的报道，而在 1925年，Davisson 与 Germer 进行的一项研究中，才首次在 de Broglie 波的波动方程的基础上，分析了出现最强衍射的方向，解释了电子衍射的原理，并且强调了该研究需要动力学理论的进一步支持。之后的几十年里，电子衍射迅速成为研究的热点，不过一直未能广泛推广使用，直到 1964 年，Park 和 Farnsworth制造了首个完整的自动化 Faraday 杯，从而为电子衍射技术，尤其是 LEED 的推广扫清了障碍。电子衍射的原理与 XRD 有些类似，只不过入射光子变成了电子，基于的能量关系为 de Broglie 方程，而衍射方向仍然遵循 Bragg 方程，不过因为电子与物质的相互作用要比光子复杂，在分析电子衍射时，需要引入动力学理论来解释图样。由于电子衍射波长较短，衍射图样只反映点阵远点附近，垂直电子束的平面倒易点阵点的衍射情况。

电子衍射分为高能电子衍射（通常称电子衍射，electron diffraction，ED）和低能电子衍射（low energy electron diffraction，LEED），前者主要与电镜配套使用，加速电压为数百千伏，而低能电子加速电压仅为几千伏。后者则由于穿透力相对较弱，一般仅用于表面结构分析。

3.1.3　红外光谱（IR）分析测试

目前通常使用的红外光谱（infrared spectroscopy，IR）都是傅里叶变换型的红外光谱（Fourier transform-infrared spectroscopy，FTIR），因为 FTIR 比传统的 IR 有着更高的分辨能力和更快的检测速度，因而已经成为主流的红外分析仪。红外分析手段通常用于检测材料内分子的振动能级差，由于光谱仪较低的造价和较高的适用范围，成为应用最为广泛的分析技术之一。

图 3-2 是美国尼高力公司生产 Nicolet IS10 傅里叶红外光谱仪，这是一款结合当今新的光学、电子学、材料科学和人工智能技术而推出的智能化的研究级红外光谱仪。其制样简便、操作智能、分辨率高、波数精度高、扫描速度快、光谱范围宽、灵敏度高，适用于常规实验室分析。其波数精度优于 $0.01cm^{-1}$，FTIR 标准线性度小于 0.1%，光谱范围为 400～4 000 cm^{-1}，分辨率优于 0.4^{-1}。

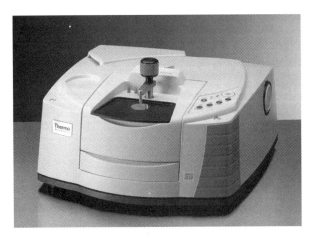

图 3-2　美国尼高力生产 Nicolet IS10 红外光谱仪

3.1.4　拉曼光谱（Raman）分析测试

拉曼效应是能量为 $h\nu_0$ 的光子同分子碰撞所产生的光散射效应，也就是说，拉曼光谱是一种散射光谱。在 20 世纪 30 年代，拉曼散射光谱曾是研究分子结构的主要手段。后来随着实验内容的不断深入，拉曼光谱的弱点（主要是拉曼效应太弱）越来越突出，特别是 20 世纪 40 年代以后，由于红外光谱的迅速发展，拉曼光谱的作用才显得不重要了。

20 世纪 60 年代激光问世，并将这种新型光源引入拉曼光谱后，拉曼光谱出现了崭新的局面。目前激光拉曼光谱已广泛用于有机、无机、高分子、生物、环保等领域，成为重要的分析工具。

在各种分子振动方式中，强力吸收红外光的振动能产生高强度的红外吸收峰，但只能产生强度较弱的拉曼谱峰；反之，能产生强的拉曼谱峰的分子振动却产生较弱的红外吸收峰。因此，拉曼光谱与红外光谱相互补充，才能得到分子振动光谱的完整数据，更好地解决分子结构的分析问题。由于拉曼光谱的一些特点，如水和玻璃的散射光谱极弱，因而在水溶液、气体、同位素、单晶等方面的应用具有突出的优点。近年来，由于发展了傅里叶变换拉曼光谱仪、表面增强拉曼散射、超拉曼、共振拉曼、时间分辨拉曼等新技术，激光拉曼光谱在材料分子结构研究中的作用正在与日俱增。

拉曼光谱为散射光谱。当一束频率为 ν_0 的入射光束照射到气体、液体或透明晶体样品上时，绝大部分可以透过，大约有 0.1% 的入射光与样品分子之间发生非弹性碰撞，即在碰撞时有能量交换，这种光散射称为拉曼散射；反之，若发生弹性碰撞，即两者之间没有能量交换，这种光散射称为瑞利散射。在拉曼散射中，若光子把一部分能量给样品分子，得到的散射光能量减少，在垂直方向测量到的散射光中，可以检测频率为 $\nu_0 = \Delta E/h$ 的线，称为斯托克斯（Stokes）线，如果它是红外活性的话，$\Delta E/h$ 的测量值与激发该振动的红外频率一致；相反，若光子从样品分子中获得能量，在大于入射光频率处接收到散射光线，则称为反斯托克斯线。

处于基态的分子与光子发生非弹性碰撞，获得能量到激发态可得到斯托克斯线；反之，如果分子处于激发态，与光子发生非弹性碰撞就会释放能量而回到基态，得到反斯托克斯线。斯托克斯线或反斯托克斯线与入射光频率之差称为拉曼位移。拉曼位移的大小和分子的跃迁能级差一样。因此，对应于同一分子能级，斯托克斯线与反斯托克斯线的拉曼位移应该相等，而且跃迁的概率也相等。但在正常情况下，由于分子大多数是处于基态，测量到的斯托克斯线比反斯托克斯线强得多，所以在一般拉曼光谱分析中，都采用斯托克斯线研究拉曼位移。拉曼位移的大小与入射光的频率无关，只与分子的能级结构有关，其范围为 $4\,000 \sim 25\ \mathrm{cm}^{-1}$，因此入射光的能量应大于分子振动跃迁所需能量，小于电子能级。

红外吸收要服从从一定的选择定则，即分子振动时只有伴随分子偶极矩发生变化的振动才能产生红外吸收。同样，在拉曼光谱中，分子振动要产生位移也要服从一定的选择定则，也就是说只有伴随分子极化度 α 发生变化的分子振动模式才能具有拉曼活性，产生拉曼散射。极化度是指分子改变其电子云分布的难易程度，因此只有分子极化度发生变化的振动才能与入射光的电场 E 相互作用，产生诱导偶极矩 μ。

$$\mu = \alpha E \tag{3-1}$$

与红外吸收光谱相似，拉曼散射谱线的强度与诱导偶极矩成正比。

拉曼效应产生于入射光子与分子振动能级的能量交换。在许多情况下，拉曼频率位移的程度正好相当于红外吸收频率。因此红外测量能够得到的信息同样也出现在拉曼光谱中，红外光谱解析中的定性三要素（即吸收频率、强度和峰形）对拉曼光谱解析也适用。但由于这两种光谱的分析机理不同，在提供信息上也是有差异的。一般来说，分子的对称性越高，红外与拉曼光谱的区别就越大，非极性官能团的拉曼散射谱带较为强烈，极性官能团的红外谱带较为强烈。例如，许多情况下伸缩振动的拉曼谱带比相应的红外谱带强烈，而伸缩振动的红外谱带比相应的拉曼谱带更为显著。对于链状聚合物来说，碳链上的取代基用红外光谱较易检测出来，而碳链的振动用拉曼光谱表征更为方便。与红外光谱相比，拉曼散射光谱具有下述优点：

（1）拉曼光谱是一个散射过程，因而任何尺寸、形状、透明度的样品，只要能被激光照射到，就可直接用来测量。由于激光束的直径较小，且可进一步聚焦，因而极微样品都可测量。

（2）水是极性极强的分子，因而其红外吸收非常强烈。但水的拉曼散射却极其微弱，因而水溶液样品可直接进行测量，这对生物大分子的研究非常有利。此外，玻璃的拉曼散射也较弱，因而玻璃可作为理想的窗口材料，如液体或粉末固体样品可放于玻璃毛细管中测量。

（3）对于聚合物及其他分子，拉曼散射的选择定则的限制较小，因而可得到更为丰富的谱带。S—S、C—C、C═C、N═N 等红外较弱的官能团，在拉曼光谱中信号较为强烈。

拉曼光谱研究高分子样品的最大缺点是荧光散射，多半与样品中的杂质有关，但采用傅里叶变换拉曼光谱仪，可以克服这一缺点。

图 3-3 是英国雷尼绍公司生产的拉曼光谱仪，是一种用于化学、材料科学、化学工程领域的分析仪器。光谱分辨率为全谱段 2^{-1} cm，空间分辨率为横向 1 μm 微米，纵向 2 μm，灵敏度为 S/N 10∶1，扫描范围（532 nm 激发：100 ~ 8 000 cm^{-1}，632.8 nm 激发：100 ~ 6 000 cm^{-1}，785 nm 激发：100 ~ 3 200 cm^{-1}），CCD 响应范围为 100 ~ 4 000 cm^{-1}，XYZ 自动平移台为最小步长 0.1 μm，重复性 0.2 μm。

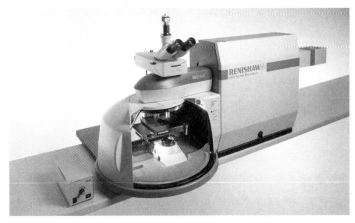

图 3-3　英国雷尼绍生产拉曼光谱仪

3.2 形貌分析测试方法

3.2.1 场发射扫描电子显微镜（SEM）分析测试

场发射扫描电子显微镜是一种用于观察物体表面结构的电子光学仪器，广泛用于材料、冶金、矿物、生物学等领域，可直接对表面形貌进行观察，无需破坏样品，是其他检测仪器无法替代的。扫描电子显微镜是近年来获得迅速发展的一种新型电子光学仪器，它的成像原理与光学显微镜、透射电子显微镜不同，不用透镜放大成像，而是用细聚焦电子束在样品表面扫描时激发产生某些物理信号来调制成像。扫描电子显微镜的出现和不断完善弥补了光学显微镜和透射电子显微镜的某些不足（例如景深）。它既可以直接观察大块试样，又具有介于光学显微镜和透射电子显微镜之间的性能指标，可以在观察形貌的同时进行微区的成分分析和结晶学分析。扫描电子显微镜具有样品制备简单、放大倍数连续、调节范围大、景深大、分辨本领比较高等特点，尤其适合于比较粗糙的表面，如金属断口和显微组织三维形态的观察研究等。场发射电子枪的研制成功，使扫描电子显微镜的分辨本领获得较显著的提高，而且越来越多的附件被安装到扫描电子显微镜中用于获得形貌、成分、晶体结构或位向在内的样品信息，如 X 射线能量色散谱仪（energy dispersive spectrometer，EDS）、电子能量损失谱（electron energy loss spectroscopy，EELS）和电子背散射衍射仪（electron backscatter diffraction system，EBSD）等，以提供样品相关的丰富资料。

图 3-4 是扫描电子显微镜工作原理图。在高压作用下，由三级电子枪发射出来的电子束（称为电子源），经聚光镜（磁透镜）汇聚成极细的电子束聚集在样品表面上。末级透镜上方装有扫描线圈，在其作用下，电子束在试样表面扫描。高能电子束与样品物质交互作用，产生二次电子、背散射电子、特征 X 射线等信号，这些信号分别被相应的接收器接收，经放大器放大后，用来调制荧光屏的亮度。由于经过扫描线圈上的电流与显像管相应的偏转线圈上的电流同步，因此，试样表面任意点发射的信号与显像管荧光屏上相应点的亮度一一对应，显像管荧光屏上的图像就是试样上被扫描区域表面特征的放大像。也就是说，电子束打到试样上一点时，在荧光屏上就有一亮点与之对应。而对于我

们所观察的试样表面特征，扫描电子显微镜则是采用逐点成像的图像分解法完成的。采用这种图像分解法，就可用一套线路传送整个试样表面的不同信息。为了按规定顺序检测和传送各像元的信息，必须把聚得很细的电子束在试样表面做逐点逐行扫描，所以扫描电子显微镜的工作原理简单概括，即"光栅扫描，逐点成像"。

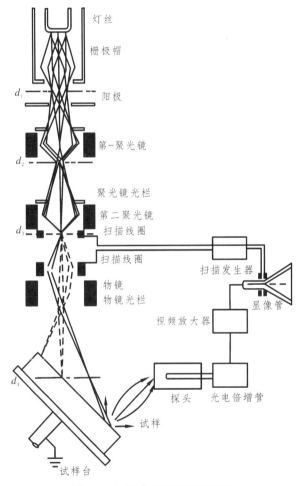

图 3-4　扫描电子显微镜原理图

图 3-5 所示是德国蔡司公司生产型号为 Gemini SEM 300 场发射扫描电子显微镜。该设备具有出色的分辨率、更高的衬度和更大且无畸变的成像视野。

放大倍数：12～200 万倍（实际能到 40 万倍左右），加速电压：0.02～30 kV，样品台最大直径：100 mm，探测器：二次电子、背散射、ebsd，X 射线能谱仪元素分析范围：B5-U92，X 射线能谱仪能量分辨率：130 eV。

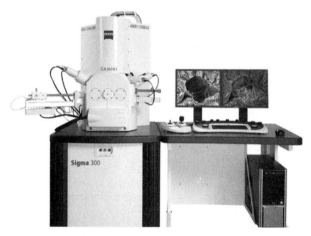

图 3-5　德国蔡司公司生产型号为 Gemini SEM 300 场发射扫描电子显微镜

3.2.2　场发射透射电子显微镜（TEM）分析测试

透射电子显微镜简称透射电镜，是把经加速和聚集的电子束投射到非常薄的样品上，电子与样品中的原子碰撞而改变方向从而产生立体角散射。散射角的大小与样品的密度、厚度相关，因此可以形成明暗不同的影像，影像经放大、聚焦后在成像器件（如荧光屏、胶片、感光耦合组件等）上显示出来。使用透射电子显微镜可以用于观察样品的精细结构，特别是随着透射电子显微镜技术的发展和提高，甚至可以用于观察仅仅一列原子的结构，比光学显微镜所能够观察到的最小的结构小数万倍。 通过使用透射电子显微镜不同的模式，能够获得物质晶体方向、电子结构、化学特性、电子相移等信息，使 TEM 在材料学、物理学、生物学、地质、石油等相关的许多科学领域发挥重要的作用，如材料科学以及纳米技术、癌症研究、病毒学、半导体研究等。

1931 年，德国学者 Knoll 和 Ruska 制造了第一个电子显微装置，但它还不是一个真正的电子显微镜，因为它没有样品台。到了 1932 年，Ruska 对上述装置进行了改进，世界上第一台电子显微镜问世，因此奠定了利用电子束研究物质微观结构的基础。透射电子显微镜的发展离不开电子，1946 年，Boersch 在研究电子与原子的相互作用时提出，原子会对电子波进行调制，改变电子的相位。他认为利用电子的相位变化，有可能观察到单个原子，分析固体中原子的排列方式。这一理论实际上成为现代实现高分辨电子显微分析方法的理论依据。1947 年，德国科学家 Scherzer 提出，磁透镜的欠聚焦（即所谓的 Scherzer 最佳聚焦，而非通常的高斯正焦）能够补偿因透镜缺陷（球差）引起的相位差，从而可显著提高电子显微镜的空间分辨率。

1956 年，英国剑桥大学的 PeterHirsch 教授等不仅在如何制备对电子透明的超薄样品，并观察其中的结构缺陷的实验方法方面有所突破，更重要的是他们建立和完善了一整套薄晶体中结构缺陷的电子衍射动力学衬度理论。运用这套动力学衬度理论，他们成功解释了薄晶体中所观察到的结构缺陷的衬度像。因此 20 世纪 50—60 年代是电子显微学蓬勃发展的时期，成为电子显微学最重要的里程碑，实现了对晶体理论强度、位错的直接观察，这是 50—60 年代电子显微学的最大贡献。1957 年，美国亚利桑那州立大学物理系的 Cowley 教授等利用物理光学方法来研究电子与固体的相互作用，并用所谓"多层法"计算相位衬度随样品厚度、欠焦量的变化，从而定量解释所观察到的相位衬度像，即所谓高分辨像。Cowley 教授建立和完善了高分辨电子显微学的理论基础。20 世纪 70—80 年代，分析型电子显微技术兴起、发展，可在微米、纳米区域进行成分、结构等微分析。

1982 年，瑞士 IBM 公司的 G. Binning、H. Rohrer 等发明了扫描隧道显微镜（STM）。他们和电子显微镜的发明者 Ruska 一同获得 1986 年诺贝尔物理学奖。德国科学家利用计算机技术实现了对磁透镜进行球差矫正，可以实现零球差以及负球差，从而大大提高了透射电镜的空间分辨本领，目前的最高点分辨率可以达到 0.1 nm。此外，通过在电子束照明光源上加装单色仪，可以大大提高电镜的能量分辨率，目前最高可以获得 70 meV 的水平。现在，通过计算机辅助修正，可以实现零或负值的球差系数，大大提高了透射电镜的空间分辨率，达到低于 0.1 nm 的点分辨率。另外，通过单色仪等，可以使电子束的能量分辨率低于 0.1 eV，大大提高了能量分辨能力。目前世界上生产和使用的透射电子显微镜主要有日本电子（JEOL）、日立（Hitachi）和美国 FEI。

透射电子显微镜的总体工作原理是：由电子枪发射出来的电子束在加速电压的作用下，在真空通道中沿着光轴穿过聚光镜，被聚光镜会聚成一束尖细、明亮而又均匀的光斑，照射在样品室内的样品上；透过样品后的电子束携带有样品内部的结构信息，样品内致密处透过的电子量少，稀疏处透过的电子量多；经过物镜的会聚调焦和初级放大后，形成第一幅反映样品微观特征的电子像；然后电子束进入下级的中间透镜和投影镜进行综合放大成像，最终被放大了的电子影像投射到荧光屏上；荧光屏将电子影像转化为可见光影像以供使用者观察，或由照相底片感光记录，或用 CCD 相机拍照，从而得到一幅具有一定衬度的高放大倍数的图像。

由前述可知，透射电子显微镜是用平行的高能电子束照射到一个能透过电子的薄膜样品上，由于试样对电子的散射作用，其散射波在物镜后方将产生两种信息。在物镜的后焦平面上形成含有晶体结构信息的电子衍射花样；在物镜像平面上形成高放大倍率的形貌像或是高分辨率的反映样品内部结构的像。扫描电子显微镜则是用聚焦的低能电子束扫描块状样品的表面，利用电子与样品相互作用产生的各种信息成像，可以得到表面形貌、化学成分及晶体取向等信息。扫描透射电子显微镜（STEM）是透射电子显微镜与扫描电子显微镜的巧妙结合。它是在透射电子显微镜中加装扫描附件，是一种综合了扫描和普通透射电子分析原理和特点的一种新型分析方式，是透射电子显微镜的一种发展。

扫描透射电子显微镜中扫描线圈迫使电子探针在薄膜试样上扫描，与扫描电子显微镜不同之处在于探测器位于试样下方，探测器接受透射电子束流或弹性散射电子束流，经放大后，在荧光屏上显示与常规透射电子显微镜相对应的扫描透射电子显微镜的明场像和暗场像。

扫描透射电子显微镜采用聚焦的（可达 0.126 nm）高能电子束（通常为 100～400 keV）扫描能透过电子的薄膜样品，利用电子与样品相互作用产生的各种信息来成像、电子衍射或进行显微分析。扫描透射电子显微镜的分辨率已达到原子尺度，对于晶体材料，低角度散射的电子主要是相干电子，所以扫描透射电子显微镜的环形暗场图像包含衍射衬度，为了避免包含衍射衬度，要求收集角度大于 50 mrad，非相干电子信号才占有主要贡献，在 STEM 上安装一个环形探测器，就可以得到暗场 STEM 像，这种方法称为高角度环形暗场（high angle annular dark field），简称为 HAADF Z-衬度成像方法。最初的环形暗场接收器由克鲁（Crewe）等科学家研制，一开始用于生物和有机样品的研究。随着应用的推广，扫描透射电子显微镜也开始用于无定形材料的研究。图 3-6 为 HAADF-STEM 方法的原理图。这种图像之所以被称为原子序数衬度像或 Z-衬度像，是由于在 HAADF-STEM Z-衬度成像中，采用细聚焦的高能电子束对样品进行逐点扫描，环形探测器接收的电子形成暗场像，它有一个中心孔，不接收中心透射电子而接收高角度散射的卢瑟福电子，图像由到达高角度环形探测器的所有电子产生的，其图像的亮度与原子序数的平方（Z^2）成正比。高分辨透射电子显微术相位衬度像成像原理和 HAADF-STEM Z-衬度像成像原理比较如图 3-7 所示。

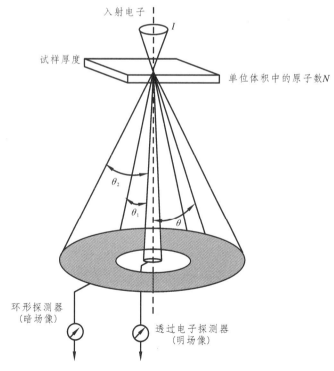

图 3-6　HAADF-STEM 方法的原理

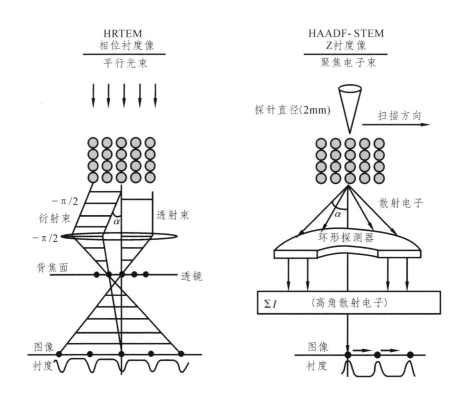

（a）高分辨透射电子显微术相位衬度成像　　　（b）HAADF-STEMZ-衬度像成像

图 3-7　高分辨透射电子显微术（HRTEM）相位衬度像成像原理和
HAADF-STEM Z-衬度像成像原理比较

扫描透射电子显微镜的特点：

（1）分辨率高。由于 Z-衬度像几乎完全是非相干条件下的成像，其分辨率要高于相干条件下的成像，通常相干条件下成像的极限分辨率比非相干条件下的大约差 50%。同时，STEM 像的点分辨率与获得信息的样品面积有关，一般接近电子束的尺寸，目前场发射电子枪的电子束直径能达小于 0.13 nm。在采用 HAADF 探测器收集高角度散射电子后，可得到高分辨的 Z-衬度像，这种像具有在原子尺度上直接评估化学性质和成分变化的能力。最后，HAADF 探测器由于接收范围大，可收集约 90% 的散射电子，比起普通的 TEM 中的一般暗场像更灵敏。因为一般暗场像只用了散射电子中的一小部分电子成像。因此，对于散射较弱的材料或在各组成部分之间散射能力的差别很小的材料，其 HAADF Z-衬度像的衬度将明显提高。

（2）对化学组成敏感。由于 Z- 衬度像的强度与其原子序数的平方（Z^2）成正比，因此 Z-衬度像具有较高的组成 （成分）敏感性，在 Z-衬度像上可以直接观察夹杂物的析出、化学有序和无序以及原子柱排列方式。

（3）图像直观可直接解释。如前所述，Z-衬度像是在非相干条件下成像，非相干条件下成像的一个重要特点是具有正衬度传递函数。而在相干条件下，随空间频率的增加其衬度传递函数在零点附近快速振荡，当衬度传递函数为负值时以翻转衬度成像，当衬度传递函数通过零点时将不显示衬度。也就是说，非相干的 Z-衬度像不同于相干条件下成像的相位衬度像，它不存在相位的翻转问题，因此图像的衬度能够直接地反映客观物体。

除此之外，还有图像衬度大、对样品损伤小、可实现微区衍射、可分别收集和处理弹性散射和非弹性散射电子等优点。但需要注意的是，扫描透射电子显微镜对环境要求高，由于图像噪声大，因此对样品洁净要求高。

图 3-8 是由美国 FEI 公司生产的型号为 FEI Talos F200X 的场发射透射电子显微镜。该设备是一个真正多功能、多用户环境的 200 kV 场发射透射电子显微镜，仪器配备了 STEM、EDX、HAADF、CCD 等附件，能采集 TEM 明场、暗场和高分辨像，能进行选区电子衍射和汇聚束衍射，能进行 EDX 能谱分析和高分辨 STEM 原子序数像分析。设备最大放大倍数为 110 万倍，加速电压为 200 kV，点分辨率为 0.25 nm，极限（信息）分辨率为 0.12 nm，STEM 分辨率为 0.16 nm，最小束斑尺寸为 0.2 nm，样品台为普通台、铍双倾台，最大倾转角为 ±30°，X 射线能谱仪元素分析范围为 B5-U92，X 射线能谱仪能量分辨率为 130 eV。

图 3-8　FEI Talos F200X 场发射透射电子显微镜

3.2.3　原子力显微镜（AFM）分析测试

原子力显微镜（AFM）也称扫描力显微镜，是针对扫描隧道显微镜不能直接观测绝缘体表面形貌的问题，在其基础上发展起来的又一种新型表面分析仪器。AFM 为扫描探针显微镜家族的一员，具有纳米级的分辨能力，其操作容易简便，是目前研究纳米科技和材料分析的最重要的工具之一。原子力显微镜是利用探针和样品间原子作用力的关系来获得样品的表面形貌。至今，原子力显微镜已发展出许多分析功能，原子力显微技术已经是当今科学研究中不可缺少的重要分析仪器。

原子力显微镜系统可以分成三个部分：力检测部分、位置检测部分、反馈系统。在本系统中要检测的力是原子与原子之间的范德华力，使用微小悬臂（cantilever）来检测原子之间力的变化量。微悬臂通常由一个一般 100 ~ 500 µm 长和 500 nm ~ 5 µm 厚的硅片或氮化硅片制成。微悬臂顶端有一个尖锐针尖，用来检测样品-针尖间的相互作用力。微悬臂有一定的规格，例如长度、宽度、弹性系数以及针尖的形状，而这些规格的选择是依照样品的特性以及操作模式的不同而选择不同类型的探针。当针尖与样品之间有了交互作用之后，会使得悬臂摆动，所以当激光照射在微悬臂的末端时，其反射光的位置也会因为悬臂摆动而有所改变，这就造成偏移量的产生。在整个系统中是依靠激光光斑位置检测器将偏移量记录下并转换成电的信号，以供 SPM 控制器作信号处理。聚焦到微悬臂上面的激光反射到激光位置检测器，通过对落在检测器四个象限的光强进行计算，可以得到由于表面形貌引起的微悬臂形变量大小，从而得到样品表面的不同信息。将信号经由激光检测器取入之后，在反馈系统中会将此信号当作反馈信号，作为内部的调整信号，并驱使通常由压电陶瓷管制作的扫描器做适当的移动，以保持样品与针尖保持一定的作用力。AFM 系统使用压电陶瓷管制作的扫描器可以精确控制微小的扫描移动。压电陶瓷是一种性能奇特的材料，当在压电陶瓷对称的两个端面加上电压时，压电陶瓷会按特定的方向伸长或缩短。而伸长或缩短的尺寸与所加的电压的大小呈线性关系。也就是说，可以通过改变电压来控制压电陶瓷的微小伸缩。通常把三个分别代表 X，Y，Z 方向的压电陶瓷块组成三脚架的形状，通过控制 X，Y 方向伸缩达到驱动探针在样品表面扫描的目的；通过控制 Z 方向压电陶瓷的伸缩达到控制探针与样品之间距离的目的。原子力显微镜（AFM）便是结合以上三个部分来将样品的表面特性呈现出来的：在原子力显微镜（AFM）的系统中，使用微小悬臂来感测针尖与样品之间的相互作用，它们之间的作用力会使微悬臂摆动，再利用激光将光照射在悬臂的末端，当摆动形成时，会使反射光的位置改变而造成偏移量，此时激光检测器会记录此偏移量，也会把此时的信号反馈给系统，以利于系统做适当的调整，最后再将样品的表面特性以影像的方式呈现出来（见图3-9）。

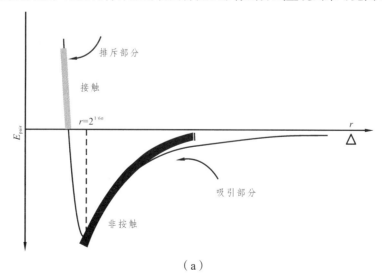

（a）

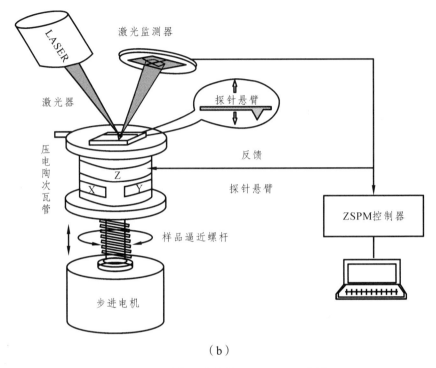

（b）

图 3-9　作用力与距离的关系及 AFM 工作原理

原子力显微镜的工作模式是以针尖与样品之间作用力的形式来分类的。主要有三种基本操作模式，即接触式（contact）、非接触式（non-contact）及轻敲式（tapping），其中轻敲式也叫半接触式（semi-contact）。接触式及非接触式易受外界其他因素（如水分子的吸引）而造成刮伤材料表面及分辨率差所引起影像失真的问题，使用上会有限制，尤其在生物及高分子软性材料上。以下简单介绍三种形式的基本原理。

（1）接触式（contactmode）。从概念上来理解，接触模式是 AFM 最直接的成像模式。正如名字所描述的那样，AFM 在整个扫描成像过程之中，探针针尖始终与样品表面保持亲密的接触，而相互作用力是排斥力。利用探针的针尖与待测物表面之原子力交互作用（一定要接触），使非常软的探针臂产生偏折，此时用特殊微小的激光照射探针臂背面，被探针臂反射的激光以二相的激光相位侦检器（photodiode）来记录激光被探针臂偏移的变化，探针与样品间产生原子间的排斥力约为 $10^{-6} \sim 10^{-9}$ N。但是，由于探针与表面有接触，因此过大的作用力仍会损坏样品，尤其是对软性材质如高分子聚合物、细胞生物等。不过在较硬材料上通常会得到较佳的分辨率。

（2）非接触式（non-contactmode）。为了解决接触式 AFM 可能损坏样品的缺点，发展出了非接触式 AFM，这是利用原子间的长距离吸引力——范德华力来运作。非接触式的探针必须不与待测物表面接触，利用微弱的范德华力对探针的振幅改变来回馈。探针与样品的距离及探针振幅必须严格遵守范德华力原理，因此造成探针与样品的距离不能太远、探针振幅不能太大（2 ~ 5 nm）、扫描速度不能太快等限制。样品置放于大气环境下，湿度超过 30% 时，会有一层 5 ~ 10 nm 厚的水分子膜覆盖于样品表面，造成不易回馈或回馈错误。

（3）轻敲式 AFM（tappingmode）。将非接触式 AFM 加以改良，拉近探针与试片的距离，增加探针振幅功能（10 ~ 300 kHz），其作用力为 10 ~ 12 N。轻敲式 AFM 的探针有共振振动，探针振幅可调整到与材料表面有间歇性轻微跳动接触，探针在振荡至波谷时接触样品，由于样品的表面高低起伏，使得振幅改变，再利用回馈控制方式，便能取得高度方向影像。轻敲式 AFM 的振幅可适当调整小至不受水分子膜干扰，大至不硬敲样品表面而损伤探针，xy 面终极分辨率为 2 nm。轻敲式 AFM 探针下压力量可视为一种弹性作用，不会对 z 方向造成永久性破坏。在 xy 方向，因探针是间歇性跳动接触，不会像接触式在 xy 方向一直拖曳而造成永久性破坏。但由于高频率探针敲击，对很硬的样品，探针针尖可能受损。

AFM 的探针一般由悬臂梁及针尖所组成，主要原理是由针尖与试片间的原子作用力，使悬臂梁产生微细位移，以测得表面结构形状，其中最常用的距离控制方式为光束偏折技术。AFM 的主要结构可分为探针、偏移量侦测器、扫描仪、回馈电路及计算机控制系统五大部分。AFM 探针长度只有几微米长，探针放置于一弹性悬臂（cantilever）末端，探针一般由成分 Si、SiO_2、SiN_4、碳纳米管等所组成，当探针尖端和样品表面非常接近时，二者之间会产生一股作用力，其作用力的大小值会随着与样品距离的不同而变化，进而影响悬臂弯曲或偏斜的程度，以低功率激光打在悬臂末端上，利用一组感光二极管侦测器

光催化技术及其生态环境污染治理应用研究

（photo detector）测量低功率激光反射角度的变化，因此当探针扫描过样品表面时，由于反射的激光角度的变化，感光二极管的电流也会随之不同，由测量电流的变化，可推算出这些悬臂被弯曲或歪斜的程度，输入计算机计算可产生样品表面三维空间的一张影像。

碳纳米管探针由于探针针尖的尖锐程度决定影像的分辨率，愈细的针尖相对可得到更高的分辨率，因此具有纳米尺寸的碳管探针，是目前探针材料的明日之星。碳纳米管（carbon nanotube）是由许多五碳环及六碳环所构成的空心圆柱体，因为碳纳米管具有优异的电性、弹性与韧性，很适合作为原子力显微镜的探针针尖，因其末端的面积很小，直径 1～20 nm，长度为数十纳米。碳纳米管因为具有极佳的弹性弯曲及韧性，可以减少在样品上的作用力，避免样品的成像损伤，使用寿命长，可适用于比较脆弱的有机物和生物样品。

AFM 是利用样品表面与探针之间力的相互作用这一物理现象，因此不受STM 等要求样品表面能够导电的限制，可对导体进行探测，对于不具有导电性的组织、生物材料和有机材料等绝缘体，AFM 同样可得到高分辨率的表面形貌图像，从而使它更具有适应性，更具有广阔的应用空间。AFM 可以在真空、超高真空、气体、溶液、电化学环境、常温和低温等环境下工作，可供研究时选择适当的环境，其基底可以是云母、硅、高取向热解石墨、玻璃等。AFM 已被广泛地应用于表面分析的各个领域，通过对表面形貌的分析、归纳、总结，以获得更深层次的信息。

图 3-10 是德国布鲁克公司生产的 Bruker Dension Icon 原子力显微镜。该显微镜凝聚了多项行业领先的技术，是 20 多年技术创新、客户反馈和行业应用的结晶。Dension Icon 可以实现所有主要的扫描探针成像技术，其测试样品尺寸可达：直径 210 mm，厚度 15 mm。温度补偿位置传感器使 Z-轴和 X-Y 轴的噪声分别保持在亚-埃级和埃级水平，并呈现出前所未有的高分辨率。对于大样品、90 μm 扫描范围的系统来说，这种噪声水平超越了所有的开环扫描高分辨率的原子力显微镜。全新的 XYZ 闭环扫描头在不损失图像质量的前提下大大提高了扫描速度。探针和样品台的开放式设计使 Icon 可胜任各种标准和非标准的实验。Dimension Icon 的硬件和软件最大程度地利用了先进的布鲁克

056

AFM 的模式和技术，如高次谐波共振模式等。并且独有的不失真高温成像技术采用对针尖和样品同时加热的方法，最大程度减少针尖和样品之间的温差，避免造成成像失真。

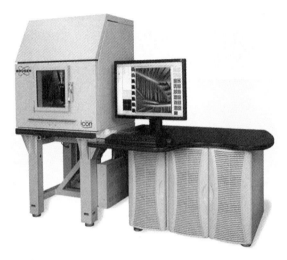

图 3-10　Bruker Dension Icon **原子力显微镜**

3.2.4　扫描隧道电子显微镜（AFM）分析测试

扫描隧道电子显微镜（scanning tunneling microscope，STM）是一种利用量子理论中的隧道效应探测物质表面结构的仪器,利用电子在原子间的量子隧穿效应，将物质表面原子的排列状态转换为图像信息的。在量子隧穿效应中，原子间距离与隧穿电流关系相应。通过移动着的探针与物质表面的相互作用，表面与针尖间的隧穿电流反馈出表面某个原子间电子的跃迁,由此可以确定出物质表面的单一原子及它们的排列状态。

它于 1981 年由格尔德·宾宁（Gerd K.Binnig）及亨利希·罗勒（Heinrich Rohrer）在 IBM 位于瑞士苏黎世的苏黎世实验室发明，两位发明者因此与厄恩斯特·鲁什卡分享了 1986 年诺贝尔物理学奖。作为一种扫描探针显微术工具，扫描隧道显微镜可以让科学家观察和定位单个原子，它具有比它的同类原子力显微镜更加高的分辨率。此外扫描隧道显微镜在低温下可以利用探针尖端精确操纵原子，因此它在纳米科技既是重要的测量工具又是加工工具。

扫描隧道显微镜是根据量子力学中的隧道效应原理,通过探测固体表面原子中电子的隧道电流来分辨固体表面形貌的新型显微装置。由于电子的隧道效应,金属中的电子并不完全局限在表面边界之内,即电子的密度并不在表面边界突然降为零,而是在表面以外呈指数衰减;衰减长度约为 1 nm,它是电子逸出表面势垒的量度。如果两块金属互相靠得很近,它们的电子云就可能发生重叠;如果在两金属间加一微小电压,那就可以观察到它们之间的电流(称为隧道电流)。

尽管扫描隧道电子显微镜的构型各不相同,但都包括有下述三个主要部分:驱动探针相对于导电试样表面作三维运动的机械系统(镜体),用于控制和监视探针与试样之间距离的电子系统和把测得的数据转换成图像的显示系统。它有两种工作方式:恒流模式、恒高模式。

(1)恒流模式。利用一套电子反馈线路控制隧道电流,使其保持恒定。再通过计算机系统控制针尖在样品表面扫描,即是使针尖沿 x、y 两个方向作二维运动。由于要控制隧道电流不变,针尖与样品表面之间的局域高度也会保持不变,因而针尖就会随着样品表面的高低起伏而作相同的起伏运动,高度的信息也就由此反映出来。这就是说,扫描隧道电子显微镜得到了样品表面的三维立体信息。这种工作方式获取图像信息全面,显微图像质量高,应用广泛。

(2)恒高模式。在对样品进行扫描过程中保持针尖的绝对高度不变;于是针尖与样品表面的局域距离将发生变化,隧道电流 I 的大小也随着发生变化;通过计算机记录隧道电流的变化,并转换成图像信号显示出来,即得到了扫描隧道电子显微镜显微图。这种工作方式仅适用于样品表面较平坦、且组成成分单一。

隧道显微镜的原理是巧妙地利用了物理学上的隧道效应及隧道电流。金属体内存在大量"自由"电子,这些"自由"电子在金属体内的能量分布集中于费米能级附近,而在金属边界上则存在一个能量比费米能级高的势垒。因此,从经典物理学来看,在金属内的"自由"电子,只有能量高于边界势垒的那些电子才有可能从金属内部逸出到外部。但根据量子力学原理,金属中的自由电子还具有波动性,这种电子波在向金属边界传播而遇到表面势垒时,会有一部分透射。也就是说，会有部分能量低于表面势垒的电子能够穿透金属表面势垒，形成金属表面上的"电子云"。这种效应称为隧道效应。所以，当两种金属靠得很近时（几纳米以下），两种金属的电子云将互相渗透。当加上适当的电压时，即使两种金属并未真正接触，也会有电流由一种金属流向另一种金属，这种电流称为隧道电流。隧道电流和隧道电阻随隧道间隙的变化非常敏感，隧道间隙即使只发生 0.01 nm 的变化，也能引起隧道电流的显著变化。如果用一根很尖的探针（如钨针）在距离该光滑样品表面上十分之几纳米的高度上平行于表面在 x, y 方向扫描，由于每个原子有一定大小，因而在扫描过程中隧道间隙就会随 x, y 的不同而不同，流过探针的隧道电流也不同。即使是百分之几纳米的高度变化也能在隧道电流上反映出来。利用一台与扫描探针同步的记录仪，将隧道电流的变化记录下来，即可得到分辨本领为百分之几纳米的扫描隧道电子显微镜图像。

3.3　其他分析测试方法

3.3.1　X 射线光电子能谱（XPS）分析测试

X 射线光电子能谱技术（XPS）是电子材料与元器件显微分析中的一种先进分析技术，而且是和俄歇电子能谱技术（AES）常常配合使用的分析技术。由于它可以比俄歇电子能谱技术更准确地测量原子的内层电子束缚能及其化学位移，所以它不但为化学研究提供分子结构和原子价态方面的信息，还能为电子材料研究提供各种化合物的元素组成和含量、化学状态、分子结构、化学键方面的信息。它在分析电子材料时，不但可提供总体方面的化学信息，还能给出表面、微小区域和深度分布方面的信息。另外，因为入射到样品表面的 X 射线束是一种光子束，所以对样品的破坏性非常小，这一点对分析有机材料和高分子材料非常有利。

1887 年，海因里希·鲁道夫·赫兹发现了光电效应，1905 年，爱因斯坦解释了该现象（并为此获得了 1921 年的诺贝尔物理学奖）。两年后的 1907 年，P.D. Innes 用伦琴管、亥姆霍兹线圈、磁场半球（电子能量分析仪）和照相平版做实验来记录宽带发射电子和速度的函数关系,他的实验事实上记录了人类第一条 X 射线光电子能谱。其他研究者如亨利·莫塞莱、罗林逊和罗宾逊等人则分别独立进行了多项实验,试图研究这些宽带所包含的细节内容。XPS的研究由于战争而中止,第二次世界大战后,瑞典物理学家凯·西格巴恩和他在乌普萨拉的研究小组在研发 XPS 设备中获得了多项重大进展,并于 1954 年获得了氯化钠的首条高能高分辨 X 射线光电子能谱,显示了 XPS 技术的强大潜力。1967 年之后的几年间,西格巴恩就 XPS 技术发表了一系列学术成果,使 XPS 的应用被世人所公认。在与西格巴恩的合作下,美国惠普公司于 1969 年制造了世界上首台商业单色 X 射线光电子能谱仪。1981 年西格巴恩获得诺贝尔物理学奖,以表彰他将 XPS 发展为一个重要分析技术所作出的杰出贡献。

X 射线光子的能量在 1 000 ~ 1 500 eV,不仅可使分子的价电子电离而且也可以把内层电子激发出来,内层电子的能级受分子环境的影响很小。同一原子的内层电子结合能在不同分子中相差很小,故它是特征的。光子入射到固体表面激发出光电子,利用能量分析器对光电子进行分析的实验技术称为光电子能谱。XPS 的原理是用 X 射线去辐射样品,使原子或分子的内层电子或价电子受激发射出来。被光子激发出来的电子称为光电子。可以测量光电子的能量,以光电子的动能/束缚能(binding energy, $E_b = h\nu$ 光能量 $- E_k$ 动能 $- W$ 功函数)为横坐标,相对强度(脉冲/s)为纵坐标可做出光电子能谱图。从而获得试样有关信息。X 射线光电子能谱因对化学分析最有用,因此被称为化学分析用电子能谱。

XPS 作为一种现代分析方法,具有以下特点:

(1)可以分析除 H 和 He 以外的所有元素,对所有元素的灵敏度具有相同的数量级。

(2)相邻元素的同种能级的谱线相隔较远,相互干扰较少,元素定性的标识性强。

(3)能够观测化学位移。化学位移同原子氧化态、原子电荷和官能团有关。化学位移信息是 XPS 用作结构分析和化学键研究的基础。

（4）可作定量分析。既可测定元素的相对浓度，又可测定相同元素的不同氧化态的相对浓度。

（5）是一种高灵敏超微量表面分析技术。样品分析的深度约 2 nm，信号来自表面几个原子层，样品量可少至 10^{-8} g，绝对灵敏度可达 10^{-18} g。

图 3-11 是美国赛默飞生产的 Thermo escalab 250Xi X 射线光电子能谱仪。该能谱仪综合了高灵敏度与高分辨率定量成像以及多种测试技术能力。是众多材料特性表征技术中行之有效的测试手段，目前已成为生物材料到半导体材料等许多技术领域先进材料开发的重要工具。先进的 Avantage 数据采集和处理系统确保了从测试数据中挖掘尽可能多的信息。同时还配备了微聚焦 X 射线单色器，提供优化的 XPS 性能，其市场领先的灵敏度确保了最大样本量。XPS 并行成像是选择最好横向分辨率的方法，ESCALAB250Xi 提供的成像空间分辨率优于 3 μm。该设备分析深度：10 nm 以内；元素的检出限：0.01at% ~ 1at%；微聚焦单色源：分析尺寸在 20 ~ 900 μm 之间连续可调；测试温度：室温 – 400℃；高精确度角分辨 XPS：软件控制分析位置和角度，确保数据的精确性和重复性。

图 3-11 Thermo escalab 250Xi X 射线光电子能谱仪

3.3.2 紫外可见漫反射光谱（DRS）分析测试

利用紫外-可见分光光度计对实验样品光吸收性能及带隙进行分析测试。如图 3-12（a）是采用日本岛津公司生产，型号为 UV-1200 的紫外-可见分光光度计测定的光吸收曲线，图 3-12（b）是根据所测定的光吸收曲线通过 Tauc 图计算带隙值的图，以 $h\nu = 1\,240/$波长做横坐标，以 $(Ah\nu)^{1/2}$ 或 $(Ah\nu)^2$ 做纵坐标，进行作图，再做切线，即可得到带隙。直接半导体以 $(Ah\nu)^{1/2}$ 作为纵坐标，间接半导体以 $(Ah\nu)^2$ 作为纵坐标，这里 TiO_2 为间接半导体，我们采用 $(Ah\nu)^2$ 作为纵坐标。根据切线在横轴上的截距我们得到原料锐钛矿 TiO_2 的带隙值为 3.33 eV，最终产物 DT-200（青铜矿 TiO_2）的带隙值为 3.18 eV，最终产物 DT-180（青铜矿/锐钛矿 TiO_2）的带隙值为 3.24 eV。

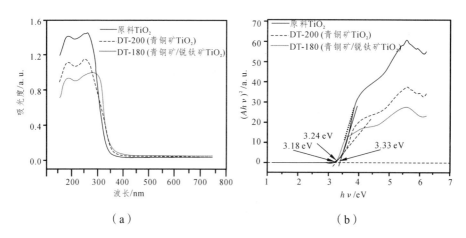

（a） （b）

图 3-12　（a）最终产物 DT-200、DT-180 及原料 TiO_2 紫外-可见光吸收图；
（b）最终产物 DT-200、DT-180 及原料 TiO_2 的带隙图

3.3.3 荧光发射谱（PL）分析测试

利用稳态瞬态荧光光谱仪对实验样品的荧光发射谱进行分析测试，从而分析样品的光生电子复合情况。图 3-13 是英国爱丁堡公司生产，型号为 FLS1000/FS5 的荧光光谱仪测定的 TiO_2（B）、Ag_3PO_4/TiO_2（B）（0.4∶1）、Ag_3PO_4/TiO_2（B）（1.5∶1）荧光发射谱图，从图中可以看 TiO_2（B）、Ag_3PO_4/TiO_2（B）（0.4∶1）、

Ag_3PO_4/TiO_2（B）（1.5：1）荧光发射谱依次减弱。一般材料的荧光发射谱的强弱代表了材料中光生电子-空穴对复合的强弱，光生电子-空穴对复合概率越高其荧光发射谱一般越强，光生电子-空穴对复合概率越低其荧光发生谱一般较弱。因此可以知道通过 Ag_3PO_4 与 TiO_2（B）复合，所形成的异质结对光生电子-空穴对的复合具有明显的抑制作用，而且这种抑制作用还与磷酸银含量有关，当 Ag_3PO_4 与 TiO_2（B）的摩尔比为 1.5：1 时，抑制作用最强。

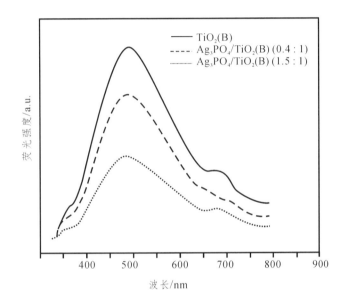

图 3-13　TiO_2（B）、Ag_3PO_4/TiO_2（B）（0.4：1）、Ag_3PO_4/TiO_2（B）（1.5：1）
荧光发射谱图

3.3.4　瞬时光电流和电化学阻抗分析测试

利用电化学工作站分析测试样品的瞬时光电流和电化学阻抗从而对实验样品的光生电子-空穴复和及迁移性能进行分析表征。

如图 3-14（a）所示是由中国辰华生产，型号为 CHI-760E 的电化学工作站测定的原料锐钛矿 TiO_2、最终产物 DT-200（青铜矿 TiO_2）、最终产物 DT-180（青铜矿/锐钛矿 TiO_2）的瞬态光电流响应图。很明显，最终产物 DT-180（青铜矿/锐钛矿 TiO_2）光电流大于原料锐钛矿 TiO_2 和最终产物 DT-200（青铜矿

TiO₂），说明通过同质结复合光电流得以增大。通常光电流的强弱反映了光催化剂中光生电子-空穴对的复合情况，光电流越弱说明光生电子-空穴越易复合，光电流越强说明光生电子-空穴越不易复合。因此通过原料锐钛矿 TiO₂、最终产物 DT-200（青铜矿 TiO₂）、最终产物 DT-180（青铜矿/锐钛矿 TiO₂）的瞬态光电流响应的对比分析，我们可以知道通过构建同质结有效抑制了光生电子-空穴对的复合。图 3-14（b）是原料锐钛矿 TiO₂、最终产物 DT-200（青铜矿 TiO₂）、最终产物 DT-180（青铜矿/锐钛矿 TiO₂）的电化学阻抗 Nyquist 图。通过这幅图我们可以清楚地观察到与原料锐钛矿 TiO₂、最终产物 DT-200（青铜矿 TiO₂）相比，最终产物 DT-180（青铜矿/锐钛矿 TiO₂）阻抗曲线的圆弧曲率半径明显变小。通常电化学阻抗 Nyquist 图圆弧曲率半径反映了光生载流子的迁移性能，曲率半径越小载流子的快速迁移性能越好，曲率半径越大载流子的快速迁移性能越差。因此通过原料锐钛矿 TiO₂、最终产物 DT-200（青铜矿 TiO₂）、最终产物 DT-180（青铜矿/锐钛矿 TiO₂）的阻抗曲线的对比分析，我们可以知道通过构建同质结有效促进了光生载流子快速迁移性能提升，这对抑制光生电子-空穴复合是有利的。

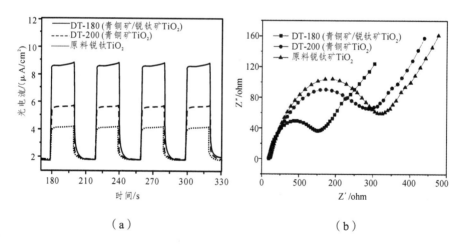

图 3-14 （a）最终产物 DT-200、DT-180 及原料 TiO₂ 瞬时光电流响应图；（b）最终产物 DT-200、DT-180 及原料 TiO₂ 的电化学阻抗 Nyquist 图

3.3.5　热重分析仪（TG）分析测试

热重法是在程序控温条件下，测量物质的质量与温度关系的热分析方法。热重法记录的热重曲线以质量为纵坐标，以温度或时间为横坐标，即 $m\text{-}T$（或 t）曲线。将热重曲线取一阶导数，就派生出微商热重法（DTG）。许多物质在加热或冷却过程中质量有变化，这种变化过程有助于研究晶体性质的变化，如熔化、蒸发、升华和吸附等物理过程；也有助于研究物质的脱水、解离、氧化、还原等化学过程。这些都可以采用 TG 或 DTG 进行测量研究。

用于热重法的仪器是热重分析仪。由天平、加热炉、程序控温系统与记录仪等几部分组成。由于待测试的样品通常以机械方式与一台分析天平连接，因此又被称为热天平。有的热重分析仪还配有气氛和真空装置。热天平是为了实现热重测量而制作出来的仪器，是以普通的分析天平为基础发展起来的，同时结合要对样品实现可控的加热或冷却过程。因此热天平要求在高温、低温下都必须保持足够高的准确度和灵敏度。热天平测定样品质量变化的方法有变位法和零位法。变位法利用质量变化与天平梁的倾斜程度成正比的关系，用直接差动变压器控制检测。零位法是靠电磁作用力使因质量变化而倾斜的天平梁恢复到原来的平衡位置（即零位），施加的电磁力与质量变化成正比，而电磁力的大小与方向可通过调节转换机构中线圈的电流实现，因此检测此电流值即可知样品质量变化。通过热天平连续记录质量与温度的关系，即可获得热重曲线。

热重法（TG）是在温度程序控制下，测量物质的质量与温度或时间关系的技术。由热重法测得的结果记录为热重曲线（TG 曲线），热重曲线对温度或时间求一阶导数得到的曲热重曲线（TG 曲线）是以温度（或加热时间）为横坐标、质量为纵坐标绘制的关系曲线，表示加热过程中的失重累积量。其中质量的单位常用 g、mg 或质量分数表示，温度的单位为℃或 K，一般都以温度作为横坐标。

图 3-15 是典型的热重曲线。图中 AB 和 CD 为平台，表示 TG 曲线中质量不变的部分，两平台之间的部分称为台阶。B 点所对应的温度为起始温度（T_i）；

C 点对应的温度为终止温度（T_f）。T_f-T_i（B、C 点间的温度差）为反应区间，测定曲线上平台之间的质量差，可以计算出样品在相应的温度范围内减少的质量分数。此外，除将 B 点对应的温度作为 T_i 外，也有将 AB 平台线的延长线与反应区间的曲线的切线的交点对应的温度取为 T_i。除将图中 C 点对应的温度取作 T_f 外，也有将 CD 平台线的延长线与反应区间曲线的切线的交点对应的温度取作 T_f。图 3-15 为一个台阶的标准曲线，实际测得的曲线可含有多个台阶，其中台阶的大小表示质量的变化量，台阶的个数代表热失重的次数。一般每个台阶都代表不同的反应，或样品中不同物质的失重。

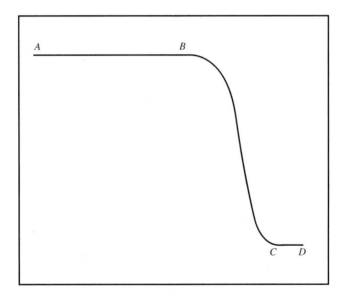

图 3-15　典型热重曲线

微商热重曲线是以质量对温度（或时间）的一阶导数为纵坐标，温度（或时间）为横坐标所做的关系曲线，表示样品质量变化速率与温度（或时间）的关系。图 3-16 是典型的 DTG 曲线与对应的 TG 曲线的比较。由图 3-16 可以看出，DTG 曲线的峰与 TG 曲线的质量变化阶段相对应，DTG 峰面积与样品的质量变化量成正比。DTG 曲线较 TG 曲线有很多优点，下面对其进行简单的介绍。

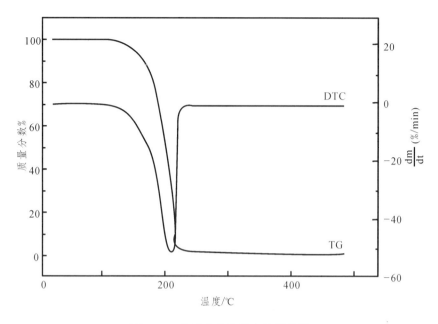

图 3-16　热重曲线和微商热重曲线

（1）可以通过 DTG 的峰面积精确地求出样品质量的变化量，能够更好地进行定性和定量分析。

（2）从 DTG 曲线可以明显看出样品热重变化的各个阶段，这样可以很好地显示出重叠反应，而 TG 曲线中的各个阶段却不易分开，很难起到 DTG 曲线的作用。

（3）能方便地为反应动力学计算提供反应速率数据。

（4）DTG 与 DTA（差热分析）具有可比性，将 DTG 与 DTA 进行比较，可以判断出是质量变化引起的峰还是热量变化引起的峰，对此 TG 无能为力。

另外必须注意的是，DTG 的峰顶温度反映的质量变化速率最大的时候的温度，而不是样品的分解温度。

第 4 章　用于污染物降解的 TiO_2（B）/TiO_2（A）研制

　　光催化技术达到实际大规模应用的关键是制备出高效低成本光催化剂，然而当前多数已知光催化剂无法同时兼具高效率和低成本。对当前价格低廉、来源广泛的光催化剂进行改性以提升其光催化性能，从而制备出高性能低成本光催化剂成为了当前光催化降解技术的一个重要的研究方向。TiO_2 作为光催化剂性能稳定、无毒无害，价格低廉，但其光催化性能较低，需要提升性能以满足实际应用需要[93, 94]。TiO_2 光催化剂性能低下的原因主要有两个方面：一是光生电子-空穴对易复合；二是难以吸收可见光。构建同质结，是抑制光生电子-空穴对复合，增强载流子迁移性能，从而提升光催化性能的有效方法[95-97]。青铜矿相二氧化钛（TiO_2（B））是 TiO_2 中较为少见的物相，具有较好的导电性和疏松多孔的结构，且将其与锐钛矿二氧化钛（TiO_2（A））构建成同质结晶格错配非常小，因此 TiO_2（B）/TiO_2（A）同质结将会具有好的光催化降解性能[98-100]。本研究采用简单的水热法，并通过离子交换和煅烧的方法原位构筑了 TiO_2（B）/TiO_2（A）同质结，所制备的 TiO_2（B）/TiO_2（A）同质结材料表现出了很好的光催化降解性能，与原料锐钛矿 TiO_2 相比，光催化性能提升了近 3 倍。

4.1　TiO_2（B）/TiO_2（A）同质结材料的制备

4.1.1　TiO_2（B）的制备

　　经过查阅文献我们找到了 TiO_2（B）的制备方法。具体如下：采用氢氧化钠和锐钛矿相纳米二氧化钛，通过水热法制备 TiO_2（B）。配制 10 M NaOH 水溶液 100 mL，将 1 g 原料 TiO_2 加入并搅拌均匀，倒入 150 mL 水热反应釜中，在鼓风干燥箱内升温至 220 ℃并保温 8 h，取出反应产物采用抽滤（抽滤不少于 4 次）的办法，用大量去离子水冲洗至近中性，60 ℃干燥 10 h，获得中间产物并标记为 DNaT-220，然后将 DNaT-220 用 1 000 mL 0.1 M 稀盐酸浸泡 72 h，再采用抽滤（抽滤不少于 4 次）的办法，用大量去离子水冲洗至近中性，并用干燥箱在 60 ℃干燥 10 h，最后用马弗炉 500 ℃煅烧 2 h 即可获得最终产物，标记为 DT-220，煅烧时升温速率为 5 ℃/min。

4.1.2　TiO₂（B）的物相确认

对所制备的中间产物和最终产物进行 X 射线衍射分析（XRD），分析结果如图 4-1 所示。从图 4-1（a）可以知道氢氧化钠（NaOH）与二氧化钛（TiO₂）在 220 ℃ 水热反应 8 h 的产物是 Na₂Ti₃O₇，对应的标准 PDF 卡片编号为 JCPDS#31-1329。从右图可以知道所有中间产物 Na₂Ti₃O₇ 经与 0.1 M 稀盐酸浸泡（进行离子交换），并经 500 ℃煅烧 2 h 获得最终产物 TiO₂（B），对应的标准 PDF 卡片编号为：JCPDS#35-0088。

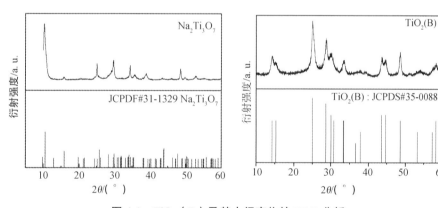

图 4-1　TiO₂（B）及其中间产物的 XRD 分析

4.1.3　TiO₂（B）的 SEM 形貌

利用扫描电镜（SEM）对所制备的中间产物和最终产物进行形貌分析，结果如图 4-2 所示。从左图可以知道，氢氧化钠（NaOH）与二氧化钛（TiO₂）在 200 ℃水热反应 8 h 的中间产物 Na₂Ti₃O₇ 具有条带状形貌。从右图可以知道

中间产物 $Na_2Ti_3O_7$ 经 0.1 mol/L 稀盐酸浸泡并经 500 ℃煅烧 2 h 所得最终产物 TiO_2（B）与中间产物保持了相同的条带状形貌。

图 4-2　TiO_2（B）及其中间产物的 SEM 图

4.1.4　TiO_2（B）的 TEM 形貌

为了对所制备的 TiO_2（B）有深入细致的理解，利用透射电镜（TEM）对最终产物的形貌和结构进行了进一步分析，结果如图 4-3 所示。从左图可以看到较低的放大倍数下能看到 TiO_2（B）呈条带状，从右图可以看到表面较为粗糙。

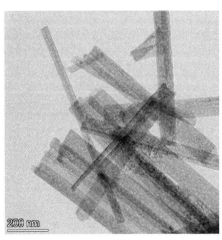

图 4-3　TiO_2（B）的 TEM 图

在确认成功制备了 TiO_2（B）后，根据反应动力学原理，很容易想到，降低反应温度将会有部分锐钛矿相二氧化钛不能转化为钛酸钠，而转变为钛酸钠的中间产物经后续进一步处理转变为 TiO_2（B），未发生转变的，在后续的处理中不会发生变化，从而可以制备出 TiO_2（B）/TiO_2（A）复合物。进一步降低反应温度将会增加最终产物中 TiO_2（A）的相对含量，从而可以调整最终产物中两相的相对比例。

4.1.5　TiO_2（B）/TiO_2（A）的制备

配制 10 mol/L NaOH 水溶液 100 mL，将 1 g 原料 TiO_2 加入并搅拌均匀，倒入 150 mL 水热反应釜中，在鼓风干燥箱内升温至 220 ℃并保温 8 h，取出反应产物采用抽滤（抽滤不少于 4 次）的办法，用大量去离子水冲洗至近中性，60 ℃干燥 10 h，获得中间产物并标记为 DNaT-200，然后将 DNaT-200 用 1 000 mL 0.1 mol/L 稀盐酸浸泡 72 h，再采用抽滤（抽滤不少于 4 次）的办法，用大量去离子水冲洗至近中性，并用干燥箱在 60 ℃干燥 10 h，最后用马弗炉 500 ℃煅烧 2 h 即可获得最终产物，标记为 DT-200，煅烧时升温速率为 5 ℃/min。

仅改变水热反应的温度，按照同样的方法依次可制备出中间产物 DNaT-190、DNaT-180、DNaT-160 和最终产物 DT-190、DT-180、DT-160。

上述制备过程中所用到的实验材料主要有氢氧化钠（NaOH）、纳米二氧化钛（TiO_2）。其来源如下：从上海阿拉丁工业公司购买了氢氧化钠（NaOH）、锐钛矿纳米二氧化钛（TiO_2）。实验所用药品试剂信息如表 4-1 所示。实验所用试剂均为分析纯，使用时未进一步纯化。

表 4-1　实验使用药品基本信息

药品名称	化学式	纯度	生产厂家
氢氧化钠	NaOH	分析纯	阿拉丁工业公司
纳米二氧化钛	TiO_2	分析纯	阿拉丁工业公司
盐酸	HCl	37.5%（质量分数）	阿拉丁工业公司
去离子水	H_2O	超纯	实验室自制

4.2　TiO₂（B）/TiO₂（A）同质结材料的分析测试

4.2.1　实验样品的 X 射线衍射（XRD）分析

图 4-4（a）是原料 TiO₂ 和中间产物 DNaT-220、DNaT-200、DNaT-190、DNaT-180、DNaT-160 的 XRD 谱图，原料 TiO₂ 属于 TiO₂ 最常见的锐钛矿相，其对应的 PDF 卡编号为 JCPDS#21-1272；DNaT-220、DNaT-200 谱图出峰位置和形状完全相同，均为 $Na_2Ti_3O_7$，其对应的标准 PDF 卡片编号为 JCPDS#31-1329；当水热反应温度降至 190℃、180℃、160℃时，所得中间产物 DNaT-190、DNaT-180、DNaT-160 的谱图形状发生了明显的变化，主要表现为谱线半峰宽增加，根据出峰位置判断，显然样品中均含有 $Na_2Ti_3O_7$，但由于锐钛矿相所对应的最强锋和次强锋位置临近 $Na_2Ti_3O_7$ 的出峰位置，且 $Na_2Ti_3O_7$ 的峰比较强，所以并没有明显观察到未完全反应的原料锐钛矿 TiO₂ 所对应的衍射锋。图 4-4（b）是原料锐钛矿 TiO₂ 和最终产物 DT-220、DT-200、DT-190、DT-180、DT-160 的 XRD 谱图，可以看到 DT-220、DT-200 谱图出峰位置和形状完全相同，属于 TiO₂（B），其对应的标准 PDF 卡片编号为 JCPDS#35-0088；当水热反应温度降至 190℃时，产物 DT-190 对应的 TiO₂（B）衍射锋明显减弱，同时出现了明显的锐钛矿相 TiO₂ 的衍射峰；当水热反应温度继续降低，产物 DT-180、DT-160 的 XRD 图谱仅观察到与原料锐钛矿 TiO₂ 完全一致的衍射峰。中间产物 $Na_2Ti_3O_7$ 在稀盐酸中其 Na^+ 离子与溶液中的 H^+ 离子交换生成 $TiO_2 \cdot xH_2O$，将 $TiO_2 \cdot xH_2O$ 再经 500℃煅烧后转化为 TiO₂（B）。综合以上物相分析可以知道，在本实验条件下全部物相转变过程如下：当水热反应温度为 220℃、200℃时，经水热反应原料 TiO₂ 完全转化为 $Na_2Ti_3O_7$，再经离子交换和高温煅烧获得的产物全部为 TiO₂（B）；当水热反应温度为 190℃时，经水热反应原料 TiO₂ 部分转化为 $Na_2Ti_3O_7$，再经离子交换和高温煅烧获得的产物一部分为 TiO₂（B），另一部分为未完全反应的锐钛矿相 TiO₂；随水热反应温度进一步降低，由锐钛矿相 TiO₂ 反应转化为 $Na_2Ti_3O_7$ 变得更加缓慢，经反应转化为 $Na_2Ti_3O_7$ 的比例进一步降低，剩余的未反应的锐钛矿相 TiO₂ 进一步增多。

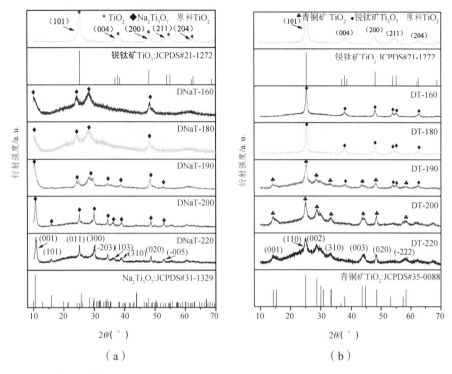

图 4-4　（a）原料 TiO₂ 和中间产物 DNaT-220、DNaT-200、DNaT-190、DNaT-180、DNaT-160 的 XRD 谱图；（b）原料 TiO₂ 和最终产物 DT-220、DT-200、DT-190、DT-180、DT-160 的 XRD 谱图

4.2.2　实验样品的扫描电子显微镜（SEM）分析

图 4-5（a）～（d）依次为中间产物 DNaT-200、DNaT-190、DNaT-180、DNaT-160 的 SEM 图，图 4-5（e）～（h）依次为最终产物 DT-200、DT-190、DT-180、DT-160 的 SEM 图，对比两图，可以发现最终产物（DT-200、DT-190、DT-180、DT-160）与中间产物（DNaT-200、DNaT-190、DNaT-180、DNaT-160）的形貌保持一致。结合 XRD 分析结果，我们可以知道两组图中呈条带状的物质在图 4-5（a）～（b）中是 $Na_2Ti_3O_7$，经过与稀盐酸中的 H^+ 离子交换后，再在马弗炉中煅烧转化为 TiO₂（B），在整个过程中，条带状的形貌得以保持，这通过图 4-5（e）～（f）与 4-5（a）～（b）的对比可以轻易知道，样品 DT-220 便是由条带状的 $Na_2Ti_3O_7$（DNaT-220）转变成具有相同形貌的条带状 TiO₂（B）；当水热反

应的温度降为 190 ℃，对应的样品 DNaT-190 和 DT-190 中开始出现三维立体网状物，并在网状物上分散着许多细小颗粒物，这些细小颗粒状物质就是未能发生转化的 TiO_2（A）；当水热反应的温度进一步降低，原料 TiO_2 向 $Na_2Ti_3O_7$ 转化更加缓慢，当水热反应温度降到 180 ℃时，反应已经不能生成条带状 $Na_2Ti_3O_7$。产物形貌表现为网状结构的 $Na_2Ti_3O_7$ 和未能完全反应的分散在网状结构中的粒状 TiO_2（A），这展示在图 4-5（c）~（d）和图 4-5（g）~（h）中。

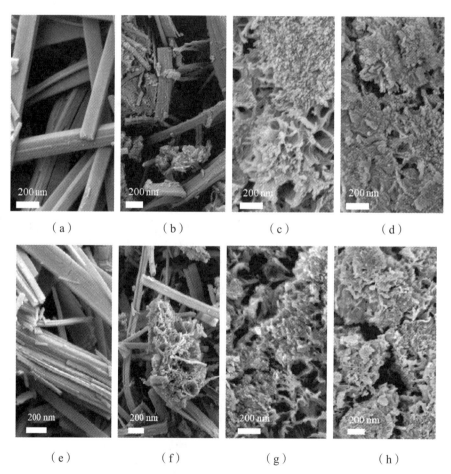

图 4-5 （a）~（d）依次为中间产物 DNaT-200、DNaT-190、DNaT-180、DNaT-160 的 SEM 图；
（e）~（h）依次为最终产物 DT-200、DT-190、DT-180、DT-160 的 SEM 图

4.2.3　实验样品的透射电子显微镜（TEM）分析

对最终产物 DT-190、DT-180 进一步进行透射电子显微镜观察，可以看到 DT-190 由两部分构成，一部分是条带状的 TiO_2（B），另一部分是由短棒与颗粒相互交织的絮状物构成，絮状物依附在条带状的 TiO_2（B）周围[见图 4-6（a）]。通过对 HRTEM 所拍摄的晶格条纹图像的观察和晶面间距进行标定，我们发现图片中同时存在 TiO_2（B）[图中观察到其晶面间距为 0.187 nm 的（0 2 0）晶面]和 TiO_2（A）[图中观察到其晶面间距为 0.352 nm 的（1 0 1）晶面]，并且存在两相交叠在一起的同质结区域[见图 4-6（b）]。对 DT-180 的透射电子显微镜观察，我们发现其全部由短棒和颗粒状物质构成[见图 4-6（c）]。通过对 HRTEM 所拍摄晶格条纹图像进行观察及晶面间距进行标定，我们发现图片中同样同时存在 TiO_2（B）[图中观察到其晶面间距为 0.236 nm 的（4 0 1）晶面]和 TiO_2（A）[图中观察到其晶面间距为 0.353 nm 的（1 0 1）晶面]，并且存在两相交叠在一起的同质结区域[见图 4-6（c）]。总之，通过透射电子显微镜的观察及晶面间距的标定我们再次确认了最终产物的物相组成，同时观察到了同质结。

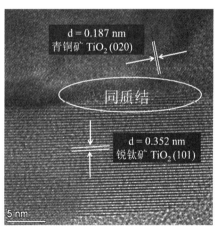

（a）　　　　　　　　　　　　　　　　（b）

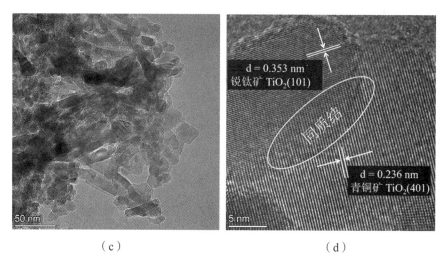

（c）　　　　　　　　　　　　　　（d）

图 4-6　（a）、（c）依次为最终产物 DT-190、DT-180 的 TEM 图；（b）、（d）依次为
　　　　最终产物 DT-190、DT-180 的 HRTEM 图

4.2.4　同质结形成的模拟计算分析

为了探究 TiO_2（B）/TiO_2（A）同质结的形成机制，我们采用 VASP 软件对两种晶体导带、价带、费米能级的位置进行了模拟计算与分析，计算时参考文献[99, 103]取 TiO_2（B）/TiO_2（A）形成同质结的晶面为（110）和（101）面，计算结果如表 4-2。

表 4-2　TiO_2（B）、TiO_2（A）导带、价带、费米能级位置计算结果

样品名称	导带	价带	费米能级
TiO_2（A）	3.4166 eV	0.1021 eV	0.2649 eV
TiO_2（B）	3.2926 eV	0.0380 eV	0.3026 eV

显然计算所得 TiO_2（B）的带隙为 3.25 eV，TiO_2（A）的带隙为 3.31 eV，TiO_2（B）的带隙小于 TiO_2（A）的带隙，这一计算结果与实验根据 Tauc 图实测值较为接近。TiO_2（B）的费米能级高于 TiO_2（A）的费米能级，当 TiO_2（B）与 TiO_2（A）结合在一起时电子将会从 TiO_2（B）流向 TiO_2（A）从而在两者的接触面区域形成空间电荷区，空间电荷区的电场由 TiO_2（B）指向 TiO_2（A）。

当有光照射 TiO$_2$（B）/TiO$_2$（A）同质结时，在光的激发下 TiO$_2$（B）和 TiO$_2$（A）导带和价带分别产生光生电子和空穴，这时 TiO$_2$（A）导带中的光生电子在电场的作用下迁移到 TiO$_2$（B）的导带，TiO$_2$（B）价带上的光生空穴在电场的作用下迁移到 TiO$_2$（A）的价带，TiO$_2$（A）价带中的光生空穴由于电场的作用向 TiO$_2$（B）方向的迁移受到抑制，同理 TiO$_2$（B）导带中的电子向 TiO$_2$（A）的迁移也受到抑制，最终实现了光生电子-空穴对的空间物理分离，抑制了复合。TiO$_2$（B）/TiO$_2$（A）同质结的形成和工作机制如图 4-7 所示。

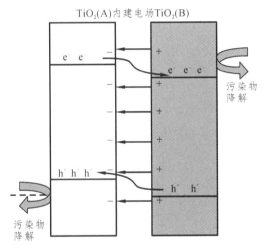

图 4-7　TiO$_2$（B）/TiO$_2$（A）同质结的形成和工作机制示意图

模拟计算条件：所有的计算都是在密度泛函理论框架下用投影增强平面波方法进行的，如维也纳从头计算模拟包[101]中所实现的。交换相关势选择了由 Perdew，Burke 和 Ernzerhof 提出的广义梯度近似[102]。平面波的截断能设置为 450 eV。将 Kohn-Sham 方程迭代解的能量判据设为 10^{-5} eV，真空层厚度为 20 Å。布里渊区积分使用 $3 \times 3 \times 1$k 网格执行。所有结构都被放松，直到原子上的残余力下降到 0.02 eV/Å 以下。晶格参数：Anatase-TiO$_2$：a=10.21，b=7.55，c=26.87；Bronze-TiO$_2$：a=13.23，b=3.03，c=26.76。

4.2.5　实验样品的光催化降解性能分析

为了测试样品的光催化降解性能，配制 20 mg/L 的 RhB 溶液 2 L，每次实验取 100 mL，将 20 mg 实验样品加入所取的 RhB 溶液中，超声 30 min，然后将上述实验混合液放置在光源强度（液面处）为 600 W/m² 太阳光模拟器（Solar-500Q）的光源下，开始光催化降解实验，实验持续 100 min，每隔十分钟从混合液中取 5 mL 液体，放入离心机，离心时间设置为 10 min，离心速度设置为 10 000 r/min。开始光催化降解实验，实验持续 100 min，每隔十分钟从混合液中取 5 mL 液体，放入离心机，离心时间设置为 10 min，离心速度设置为 10 000 r/min。完成离心后，取上清液用紫外-可见分光光度计测定吸光度 A_n，A_0 为 20 mg/L 的 RhB 溶液的吸光度。根据溶液浓度 C_n 与 A_n 成正比的关系即可得到 $C_n/C_0=A_n/A_0$。

图 4-8（a）是原料 TiO₂、DT-200、DT-190、DT-180、DT-160 的光催化降解曲线，可以看到由 TiO₂（B）、TiO₂（A）两相构成的复合物 DT-190、DT-180、DT-160 的光催化降解性能比原料 TiO₂ 和纯 TiO₂（B）明显得到提升，而且 DT-180 的性能明显好于 DT-190 和 DT-160，与原料 TiO₂ 相比，DT-180 同质结复合物的光催化降解性能提升了近 3 倍。这说明产物中 TiO₂（B）与 TiO₂（A）的比例对 TiO₂（B）/TiO₂（A）同质结复合光催化剂的光催化性能有关，存在最佳比例，当其比例接近最佳比例时复合物光催化性能最好。此外，我们可以看到，在 30 min 超声期间，RhB 在样品上有少量吸附。图 4-8（b）根据动力学计算结果定量比较了上述样品的催化效率。根据 Langmuir-Hinshelwood 模型，在低 RhB 浓度下，降解可被视为一级反应。因此，降解动力学拟合计算可以简化为线性，该反应满足表观一级反应速率方程：$\ln(C/C_0) = -kt$，其中 k 是一级反应表观速率常数，$\ln(C/C_0)$ 是辐照时间 t 的函数。无催化剂、原料锐钛矿 TiO₂、DT-200、DT-190、DT-180 和 DT-160 样品的 k 值依次为 0 min⁻¹、0.004 min⁻¹、0.006 min⁻¹、0.013 min⁻¹，0.020 min⁻¹ 和 0.014 min⁻¹。这些结果表明，产物中 TiO₂（B）与 TiO₂（A）的比例与 TiO₂（B）/TiO₂（A）同质结复合光催化剂的光催化性能有关，并且当接近最佳比例时，复合材料表现出最佳光催化性能。此外如图 4-8（c）所示，图中柱状图展示了原料锐钛矿 TiO₂、DT-200、DT-180 60 min 降解率的对比，通过该图我们可以非常直观观察到青铜矿/锐钛矿 TiO₂ 同质结复合物相比锐钛矿和青铜矿 TiO₂ 性能的大幅提升。

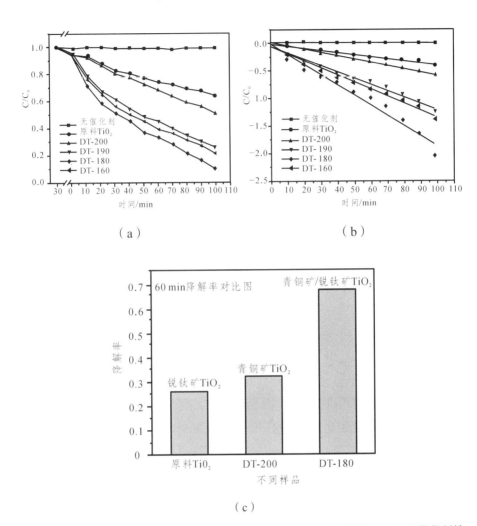

图 4-8　(a)最终产物 DT-200、DT-190、DT-180、DT-160 及原料 TiO₂ 和无催化剂情况的光催化降解 RhB 曲线;(b)最终产物 DT-200、DT-190、DT-180、DT-160 及原料 TiO₂ 和无催化剂情况的光催化降解 RhB 动力学曲线;(c)原料 TiO₂、DT-200、DT-180 60 min 降解率对比图

4.2.6　实验样品的光吸收性能分析

如图 4-9(a)是原料锐钛矿 TiO₂、最终产物 DT-200(青铜矿 TiO₂)、最终产物 DT-180(青铜矿/锐钛矿 TiO₂)紫外-可见光吸收曲线,仔细观察可以发现与原料锐钛矿 TiO₂ 相比,最终产物 DT-200(青铜矿 TiO₂)吸收带边略微红移。

同质结复合 TiO_2 即最终产物 DT-180（青铜矿/锐钛矿 TiO_2）由于复合了青铜矿 TiO_2 与原料锐钛矿 TiO_2 相比，光吸收性能略有改善。如图 4-9（b）是原料锐钛矿 TiO_2、最终产物 DT-200（青铜矿 TiO_2）、最终产物 DT-180（青铜矿/锐钛矿 TiO_2）的带隙图。通过 Tauc 图计算带隙值，以 $hv=1240/$波长做横坐标，以 $(Ahv)^{1/2}$ 或 $(Ahv)^2$ 做纵坐标，进行作图，再做切线，即可得到带隙。直接半导体以 $(Ahv)^{1/2}$ 作为纵坐标，间接半导体以 $(Ahv)^2$ 作为纵坐标，这里 TiO_2 为间接半导体，我们采用 $(Ahv)^2$ 作为纵坐标。根据切线在横轴上的截距我们得到原料锐钛矿 TiO_2 的带隙值为 3.33 eV，最终产物 DT-200（青铜矿 TiO_2）的带隙值为 3.18 eV，最终产物 DT-180（青铜矿/锐钛矿 TiO_2）的带隙值为 3.24 eV，可以看到通过构建青铜矿/锐钛矿 TiO_2 异质结，与原料锐钛矿 TiO_2 相比，最终产物 DT-180（青铜矿/锐钛矿 TiO_2）的带隙有所减小，这就是其光吸收性能略微改善的原因所在，这一改善将会使催化剂在相同的条件下产生更多的光生电子-空穴对参与光催化过程，从而有利于光催化性能提升。但是很明显，由于与锐钛矿 TiO_2 相比，青铜矿 TiO_2 带隙并没有显著的减小，所以通过构建同质结对光吸收性能的提升并不明显，由于同种物质的不同物相间带隙差距不可能显著，这就导致同质结改性很难获得复合物带隙大幅降低，从而很难大幅改善其光吸收性能，提升光催化性能，这应该是同质结改性难以克服的缺点。

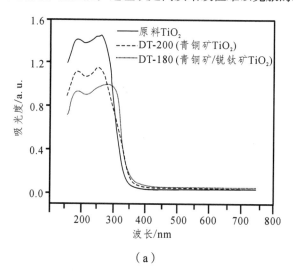

（a）

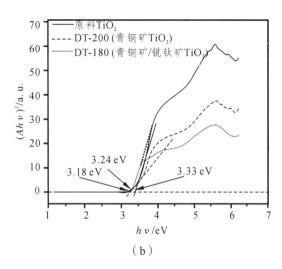

（b）

图 4-9　（a）最终产物 DT-200、DT-180 及原料 TiO₂ 紫外-可见光吸收图；（b）最终产物 DT-200、DT-180 及原料 TiO₂ 的带隙图

4.2.7　实验样品的瞬态光电流响应及阻抗分析

图 4-10（a）是原料锐钛矿 TiO₂、最终产物 DT-200（青铜矿 TiO₂）、最终产物 DT-180（青铜矿/锐钛矿 TiO₂）的瞬态光电流响应图。很明显，最终产物 DT-180（青铜矿/锐钛矿 TiO₂）光电流大于原料锐钛矿 TiO₂ 和最终产物 DT-200（青铜矿 TiO₂），说明通过同质结复合光电流得以增大。通常光电流的强弱反应了光催化剂中光生电子-空穴对的复合情况，光电流越弱说明光生电子-空穴越易复合，光电流越强说明光生电子-空穴越不易复合。因此通过原料锐钛矿 TiO₂、最终产物 DT-200（青铜矿 TiO₂）、最终产物 DT-180（青铜矿/锐钛矿 TiO₂）的瞬态光电流响应的对比分析，我们可以知道通过构建同质结有效抑制了光生电子-空穴对的复合。图 4-10（b）是原料锐钛矿 TiO₂、最终产物 DT-200（青铜矿 TiO₂）、最终产物 DT-180（青铜矿/锐钛矿 TiO₂）的电化学阻抗 Nyquist 图。通过这幅图我们可以清楚地观察到与原料锐钛矿 TiO₂、最终产物 DT-200（青铜矿 TiO₂）相比，最终产物 DT-180（青铜矿/锐钛矿 TiO₂）阻抗曲线的圆弧曲率半径明显变小。通常电化学阻抗 Nyquist 图圆弧曲率半径反映了光生载流子的迁移性能，曲率半径越小载流子的快速迁移性能越好，曲率半径越大载

流子的快速迁移性能越差。因此通过原料锐钛矿 TiO_2、最终产物 DT-200（青铜矿 TiO_2）、最终产物 DT-180（青铜矿/锐钛矿 TiO_2）的阻抗曲线的对比分析，我们可以知道通过构建同质结有效促进了光生载流子快速迁移性能提升，这对抑制光生电子-空穴复合是有利的。总的来看通过构建异质结促进了光生载流子快速迁移性能的提升，显著抑制了光生电子-空穴复合，这就是最终产物 DT-180（青铜矿/锐钛矿 TiO_2）光催化降解性能得以大幅提升的最重要原因。

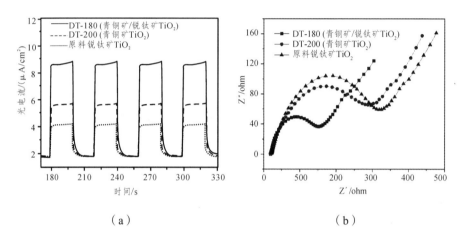

（a）　　　　　　　　　　　（b）

图 4-10　（a）最终产物 DT-200、DT-180 及原料 TiO_2 瞬时光电流响应图；
　　　　　（b）最终产物 DT-200、DT-180 及原料 TiO_2 的电化学阻抗 Nyquist 图

前述分析测试所用实验仪器设备情况如下：利用 X 射线粉末衍射仪对实验样品的晶体结构和组分进行分析测试。所用 X 射线粉末衍射仪是由德国布鲁克公司生产的 BRUCKER D8 ADVANCE X 射线衍射仪，测试时采用 Cu 靶，广角衍射，扫描范围为 10°～70°，扫描速度为 10°/min，测试波长为 1.5406 Å，管电压是 40 kV，管电流是 40 mA。利用场发射扫描电子显微镜对实验样品的形貌结构进行分析测试。所用场发射扫描电子显微镜是德国蔡司公司生产，型号为 Gemini SEM 300。利用场发射透射电子显微镜对实验样品更细致的形貌结构及成分进行分析测试，观察研究材料结构并进行纳米尺度的微分析，本研究所用场发射透射电子显微镜是由美国 FEI 公司生产，型号为 FEI Talos F200X。利用紫外-可见分光光度计对实验样品的光吸收性能、光催化

降解性能及带隙进行分析测试。所用设备由上海仪电科学仪器有限公司生产，型号为 INESA L5S。利用电化学工作站分析测试样品的瞬态光电流和电化学阻抗从而对实验样品的光生电子-空穴复合及迁移性能进行分析表征。实验所用设备由中国辰华生产，型号为 CHI-760E。实验所用仪器设备信息如表 4-3 所示。

表 4-3　实验所用仪器设备基本信息

设备名称	型号	生产厂家
马弗炉	KSL-1700X	合肥科晶
场发射扫描电子显微镜	Gemini SEM 300	蔡司
场发射透射电子显微镜	FEI Talos F200X	FEI
X 射线粉末衍射仪	BRUCKER D8 ADVANCE	布鲁克
电化学工作站	CHI-760E	辰华
紫外-可见分光光度计	INESA L5S	上分
鼓风干燥箱	DHG-9246A	上海精宏
太阳光模拟器	Solar-500Q	北京纽比特
台式高速离心机	LC-LX-H185C	力辰科技

4.3　总结

本节通过简单的水热反应，利用锐钛矿纳米 TiO_2 与 10 M NaOH 水溶液混合液制备了 $Na_2Ti_3O_7$/锐钛矿 TiO_2 复合物，然后将所制备产物在稀盐酸中浸泡，通过 Na^+ 与 H^+ 的充分交换将 $Na_2Ti_3O_7$ 转化为 $TiO_2 \cdot xH_2O$，再经马弗炉高温煅烧最终获得 TiO₂（B）/TiO₂（A）同质结复合光催化剂。通过 XRD 和 SEM 分析，我们确认了 TiO₂（B）/TiO₂（A）同质结复合光催化剂的成功制备，并对制备过程中物质转化及形貌变化有了清晰的认识。通过 TEM 观察，我们对最终产物的形貌结构有了进一步认识，同时通过 HRTEM 观察，我们同时观察到了 TiO₂（B）和 TiO₂（A）晶面，以及存在的两相晶面交叠在一起的同质结区域。进一步结合理论模拟计算，我们构建了 TiO₂（B）/TiO₂（A）同质结模型，

很好地解释了 TiO_2（B）/TiO_2（A）同质结在光生电子快速分离的过程中所发挥的作用。

同质结的形成提升了复合光催化剂光吸收性能，但从光吸收曲线及带隙图来看，因为 TiO_2（B）和 TiO_2（A）带隙十分接近，通过构建同质结来减小带隙从而提升光吸收性能是十分有限的。但是同质结的构建确实大幅提升了光生载流子快速迁移性能，有效抑制了光生电子-空穴对复合，这正是 TiO_2（B）/TiO_2（A）同质结复合光催化剂光催化降解性能得以提升的主要原因。在光催化降解实验中，可以明确地观察到由 TiO_2（B）、TiO_2（A）两相构成的复合产物 DT-190、DT-180、DT-160 的光催化降解性能比原料 TiO_2 和纯 TiO_2（B）明显得到提升，而且 DT-180 的性能明显好于 DT-190 和 DT-160，与原料 TiO_2 相比，DT-180 异质结复合物的光催化降解性能最高提升了近3倍。这说明产物中 TiO_2（B）与 TiO_2（A）的比例与 TiO_2（B）/TiO_2（A）同质结复合光催化剂的光催化性能有关，存在最佳比例，当其比例接近最佳比例时复合物的光催化性能最好。

本节的研究表明通过构建同质结可以明显提升光催化降解性能，但是同时我们也看到，通过构建同质结并不能明显提升光吸收性能，由于同种物质的不同物相间带隙差距一般较小，这就导致同质结改性很难获得复合物带隙大幅降低，从而很难大幅改善光吸收性能，这是同质结改性难以克服的缺点。由于构建异质结的两种半导体材料带隙的选择较为自由广泛，因此与构建同质结相比，构建异质结将能很好地提升光吸收性能，从而在提升光催化降解性能上将会有更大的潜力，为此接下来的章节我们主要开展 TiO_2（B）的异质结改性研究。

第5章 用于污染物降解的 Ag_3PO_4/Ti_3C_2/TiO_2（B）研制

我们通过构建同质结提升了复合光催化剂的催化性能，但是我们也注意到通过构建同质结对光吸收性能的提升并不明显，由于同种物质的不同物相间带隙差距一般较少，这就导致同质结改性很难获得复合物带隙大幅降低，从而很难大幅改善光吸收性能，这是同质结改性难以克服的缺点。所谓 TiO_2 异质结改性就是将 TiO_2 与另外一种半导体材料结合在一起，由于两种材料间具有不同费米能级，因此会在结合面区域引起电荷的迁移，形成空间电荷区，也就是形成异质结[104-108]。首先，形成异质结后，构成异质结的两种半导体均可以吸收能量大于他们禁带宽度的光子将价带的电子激发到导带，因此通过构建异质结形成的复合光催化剂能够利用窗口效应拓展宽禁带半导体光吸收范围，这是异质结改性提升光催化性能的第一个原因[109-111]；第二，当异质结形成后，由于内建电场的作用使光生电子和空穴反向运动，从而实现光生电子和空穴的快速分离，抑制其复合，这是异质结改性提升光催化性能的第二个原因[112-115]。由于可用于与 TiO_2 构建异质结的半导体材料十分广泛，其中应有很多窄带隙半导体，因此与构建同质结相比，构建异质结能很好地提升光吸收性能，从而在提升光催化降解性能上有更大潜力。磷酸银（Ag_3PO_4）是一种对可见光具有较强活性的窄带隙半导体光催化材料，带隙约为 2.4 eV，常温下为淡黄色固体粉末，无味，可溶于酸，微溶于水，主要有菱形十二面体、立方体和四面体3 种晶型[116-118]。为了获得高性能高催化剂，本章首先考虑将 TiO_2（B）与 Ag_3PO_4 构成异质结复合光催化剂，提升光催化性能，并尝试将 Ti_3C_2 MXene 引入 TiO_2（B）/Ag_3PO_4复合物进一步提升光催化性能，同时减少 Ag_3PO_4用量，降低成本。

5.1 Ag₃PO₄/TiO₂（B）异质结材料的制备

5.1.1 TiO₂（B）的制备

将 1 g 纳米二氧化钛（TiO_2）加入 100 mL 10 mol/L 氢氧化钠（NaOH）的水溶液中，均匀搅拌后，倒入 150 mL 水热反应釜中，升温至 200 ℃并保温 24 h，自然冷却，取出反应产物用大量去离子水冲洗至近中性，抽滤干燥后，即可获得条带状的 $Na_2Ti_3O_7$，用 0.1 mol/L 稀盐酸浸泡 72 h，浸泡过程中 H^+ 与 $Na_2Ti_3O_7$ 中的 Na^+ 进行离子交换获得 $TiO_2 \cdot xH_2O$，用大量去离子水冲洗 $TiO_2 \cdot xH_2O$ 至溶液达到近中性，抽滤并在鼓风干燥箱中 60 ℃干燥后，在马弗炉 500 ℃煅烧 2 h 即可获得条带状纳米 TiO_2（B），煅烧时升温速率为 1 ℃/min，煅烧结束后自然降温。

5.1.2 Ag₃PO₄/TiO₂（B）的制备

为制备 Ag_3PO_4/TiO_2（B），首先称取 100 mg 已制备的条带状纳米 TiO_2（B），并按（1∶0.4）、（1∶0.8）、（1∶1.5）的摩尔比推算出对应的 Ag_3PO_4 物质的量，进一步推算出对应的制备 Ag_3PO_4 所需硝酸银（$AgNO_3$）和磷酸氢二钠（$Na_2HPO_4 \cdot 12H_2O$）的质量，将 100 mg 条带状纳米 TiO_2（B）及对应质量的磷酸氢二钠（$Na_2HPO_4 \cdot 12H_2O$）加入 100 mL 去离子水中，并超声震荡 30 min，然后将对应质量的硝酸银（$AgNO_3$）溶解在 50 mL 去离子水中，并极缓慢加入超声后的混合液中，不断搅拌，最后将混合液抽滤干燥即可分别获得不同摩尔比的复合物，标记如下：Ag_3PO_4/TiO_2（B）（0.4∶1）、Ag_3PO_4/TiO_2（B）（0.8∶1）、Ag_3PO_4/TiO_2（B）（1.5∶1）。Ag_3PO_4 直接由一定比例的 $AgNO_3$ 和 $Na_2HPO_4 \cdot 12H_2O$ 溶液混合，抽滤干燥获得。

上述制备过程所用到的化学药品及试剂主要有：氢氧化钠（NaOH）、纳米二氧化钛（TiO_2）；磷酸氢二钠（$Na_2HPO_4 \cdot 12H_2O$）、硝酸银（$AgNO_3$）。上述试剂的来源为：从上海阿拉丁工业公司购买了氢氧化钠（NaOH）、纳米二氧化钛（TiO_2）；磷酸氢二钠（$Na_2HPO_4 \cdot 12H_2O$）从成都金山化学试剂有限公司购买；硝酸银（$AgNO_3$）从国药集团化学试剂有限公司购买。实验所用药品试剂信息如表 5-1 所示。实验所用试剂均为分析纯，使用时均未进一步纯化。

表 5-1　实验使用药品基本信息

药品名称	化学式	纯度	生产厂家
氢氧化钠	NaOH	分析纯	阿拉丁工业公司
纳米二氧化钛	TiO_2	分析纯	阿拉丁工业公司
磷酸二氢钠	$Na_2HPO_4 \cdot 12H_2O$	分析纯	成都金山试剂
硝酸银	$AgNO_3$	分析纯	国药集团
盐酸	HCl	37.5%（质量分数）	阿拉丁工业公司
去离子水	H_2O	超纯	实验室自制

5.2　Ag_3PO_4/TiO_2（B）异质结材料性能的分析测试

5.2.1　实验样品的物相及形貌分析

我们采用磷酸氢二钠（$Na_2HPO_4 \cdot 12H_2O$）与硝酸银（$AgNO_3$）直接反应制取 Ag_3PO_4，为了使 Ag_3PO_4 能够在 TiO_2（B）表面原位生长，我们首先将 TiO_2（B）放入去离子水中并通过超声震荡使其均匀悬浮于水溶液中，在这里 $Na_2HPO_4 \cdot 12H_2O$ 是与 TiO_2（B）一起放入并溶解在去离子水中的，然后我们将 $AgNO_3$ 溶液缓慢地逐滴加入上述混合液中便可以在 TiO_2（B）表面生长出 Ag_3PO_4 纳米颗粒，形成 Ag_3PO_4/TiO_2（B）复合物。为了验证上述实验设想我们首先对实验样品进行了 XRD 表征，结果如图 5-1（a）、（b）所示。Ag_3PO_4 所对应的标准 PDF 卡片编号为 JCPDS#06-0505，属于立方晶系。复合物 Ag_3PO_4/TiO_2（B）（0.4∶1）、Ag_3PO_4/TiO_2（B）（0.8∶1）、Ag_3PO_4/TiO_2（B）（1.5∶1）的 XRD 衍射峰中均出现了明显的 Ag_3PO_4 的峰，说明复合物含有 Ag_3PO_4；仔细观察发现在所有复合物衍射图谱中 $2\theta=15.20°$、$2\theta=24.93°$、$2\theta=28.61°$ 均微弱出现了 TiO_2（B）（200）、（110）、（002）面所对应的衍射峰，确认了复合物中 TiO_2（B）的存在，只是因为 TiO_2（B）相对于 Ag_3PO_4 的衍射强度十分弱，在复合物中出现的对应衍射峰才比较微弱。总之通过 XRD 衍射分析我们确定了我们已经成功制备出了 Ag_3PO_4/TiO_2（B）复合物，复合物的两种组分分别是 Ag_3PO_4 和 TiO_2（B）。

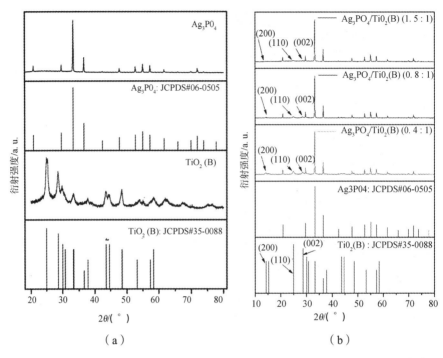

图 5-1 （a）Ag₃PO₄ 和 TiO₂（B）的 XRD 图谱；（b）Ag₃PO₄、TiO₂（B）及其复合物
XRD 图谱

  我们采用扫面电子显微镜对各组分及 Ag₃PO₄/TiO₂（B）复合的形貌结构进行了观察分析。如图 5-2（a）、（b）所示，（a）图为 TiO₂（B）的形貌图，（b）图为 Ag₃PO₄/TiO₂（B）复合物的形貌图，通过对比（a）和（b）图，我们可以清楚地看到通过原位自生长我们成功在条带状 TiO₂（B）表面生成了微小的 Ag₃PO₄ 颗粒。通过透射电子显微镜我们进一步对 Ag₃PO₄/TiO₂（B）复合物形貌进行观察分析，如图 5-2（c）所示，在透射电子显微镜下，能够更加清楚地看到呈圆形颗粒状的 Ag₃PO₄ 颗粒密集分布在 TiO₂（B）表面。为了进一步确认所看到的粒状 Ag₃PO₄ 和条带状 TiO₂（B），并观察异质结，我们进行了 HRTEM 观察，成功拍到了晶格条纹图像，如图 5-2（d）所示。经过测定我们确定晶格条纹分别是 TiO₂（B）（110）面和 Ag₃PO₄（220）面，晶格条纹间距分别为 0.354 nm 和 0.212 nm，并且观察到了由晶格条纹交叠区构建的异质结。

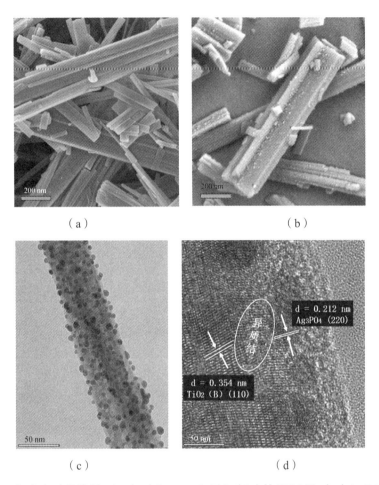

图 5-2　（a）、（b）依次是 TiO₂（B）和 Ag₃PO₄/TiO₂（B）的 SEM 图；（c）Ag₃PO₄/TiO₂
（B）的 TEM 图；（d）Ag₃PO₄/TiO₂（B）的 HRTEM 图。

图 5-3（a）所示，是 Ag₃PO₄/TiO₂（B）的 HAADF 图，可以清楚地看到明亮的 Ag₃PO₄ 小颗粒分布在较暗淡的 TiO₂（B）表面，在这里 Ag₃PO₄ 和 TiO₂（B）之所以存在明显的明暗色差，是因为 HAADF 图像的衬度与元素原子序数的平方成正比，原子序数越大图像越明亮[119, 120]。如图 5-3（b）~（f）所示，是 Ag₃PO₄/TiO₂（B）所含所有元素的 Mapping 图，可以看到 O 和 Ti 具有相同的分布，均呈条带状，P 和 Ag 具有相同的分布，围绕着条带状 TiO₂（B）表面分布，把所有元素分布图合成在一起 P 和 Ag 围绕着条带状 TiO₂（B）表

面分布的特征就更为明显，元素分布图说明了 Ag_3PO_4 在 TiO_2（B）表面分布并形成了紧密的结合。总之，通过物相、形貌、元素分布、组织结构的全面细致分析，我们确认了 Ag_3PO_4/TiO_2（B）异质结构建成功，并对 Ag_3PO_4/TiO_2（B）异质结复合物的组织形貌有了全面清晰的认识，接下来我们准备结合 XPS 及模拟计算的结果就 Ag_3PO_4/TiO_2（B）异质结的形成和工作机制进行研究。

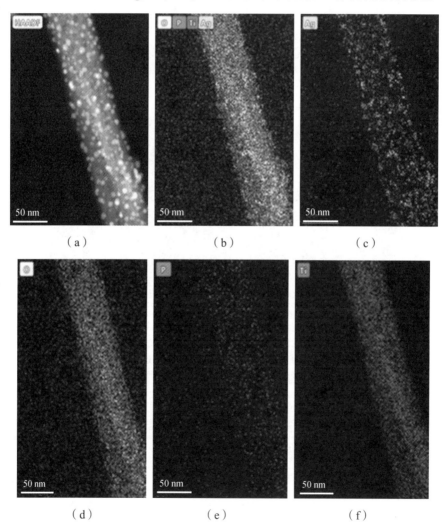

图 5-3　（a）Ag_3PO_4/TiO_2（B）的 HAADF 图；（b）~（f）Ag_3PO_4/TiO_2（B）中 O、
　　　　 P、Ti、Ag 元素的 Mapping 图

5.2.2　Ag_3PO_4/TiO_2（B）异质结形成及工作机制

为了分析 Ag_3PO_4/TiO_2（B）异质结的形成及工作机制，我们采用 Tauc 图计算带隙值，如图 5-4 所示，展示了 Ag_3PO_4、TiO_2（B）、Ag_3PO_4/TiO_2（B）带隙的实际测定值，分别为 2.48 eV、3.05 eV 和 2.67 eV，Ag_3PO_4 是窄带隙半导体，而 TiO_2（B）是宽带隙半导体，Ag_3PO_4 较 TiO_2（B）带隙小，其复合后的带隙介于二者之间。

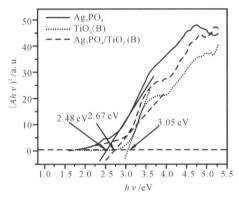

图 5-4　带隙实测图

构建异质结最关键的是要形成空间电荷区，空间电荷区的形成是由于形成异质结的两种半导体材料具有不同的费米能级，当它们结合在一起时电子会从费米能级高的半导体向费米能级低的半导体迁移，从而形成空间电荷区，在空间电荷的作用下形成空间电场。两个结合在一起的半导体费米能级的高低一般可以通过功函数来比较，在这里我们取真空能级为 0，功函数大费米能级则较低。考虑到晶体生长时由于表面能的限制，通常底晶面指数的面在整个晶面中占有最大的比例，两种半导体结合在一起时通常是底晶面指数的面结合在一起的概率最大，为此我们以低晶面指数的面（001）为结合面，采用 VASP 软件计算 Ag_3PO_4 和 TiO_2（B）的功函数，如图 5-5（a）~（b）所示，Ag_3PO_4 和 TiO_2（B）的功函数值分别为 5.60 eV 和 6.75 eV，因此 Ag_3PO_4 的费米能级高于 TiO_2（B）的费米能级，当他们结合在一起形成异质结时电子将从 Ag_3PO_4 向 TiO_2（B）迁移，在两种半导体的结合面形成空间电荷区，Ag_3PO_4 一侧是正电荷区，TiO_2（B）一侧是负电荷区，因此所形成的空间电荷区电场方向由 Ag_3PO_4 一侧指向 TiO_2（B），如图 5-5（c）所示。空间电荷区形成后，当有光照射复合光催化剂时，因光激发，分别在 Ag_3PO_4 和 TiO_2（B）的导带和价带产生光生电子和空穴，根据当前的研究，这时 Ag_3PO_4 价带中带正电的空穴和 TiO_2（B）导带中带负电的电子将会在空间电场的作用下发生复合[121, 122]，而 Ag_3PO_4 导带中带负电的电子和 TiO_2（B）价带中带正电的空穴在空间电场的抑制下只能向各自的表面迁移，实现分离，即形成了 Z 型异质结如图 5-5（c）所示。在这里我们通过计算功函数结合前面带隙的分析测试结果，阐明了 Ag_3PO_4/TiO_2（B）异质结的形成及工作机制。为进一步从实验上为上述 Ag_3PO_4/TiO_2（B）异质结形成机制提供证据，我们考虑对实验样品开展 XPS 分析测试，通常当两种物质结合在一起时，若存在电子的迁移应该会导致复合后某些化学键结合能发生变化，收到电子的结合能降低，失去电子的结合能升高，据此可以判断两种半导体结合在一起后电子的转移情况。

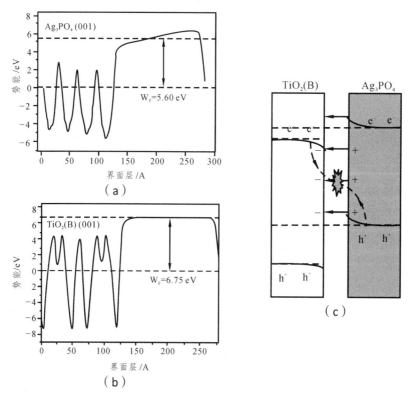

图 5-5 （a）Ag_3PO_4 的功函数图；（b）TiO_2（B）的功函数图；（c）Ag_3PO_4/TiO_2（B）异质结的形成及工作机制示意图

5.2.3　实验样品的 XPS 分析

图 5-6（a）是 Ag₃PO₄ 和 Ag₃PO₄/TiO₂（B）的 Ag3d 高分辨 XPS 谱，图 5-6（b）是 TiO₂（B）和 Ag₃PO₄/TiO₂（B）的 Ti2p 高分辨 XPS 谱。在这里我们均取最强锋进行对比，从图（a）可以看到 Ag₃PO₄/TiO₂（B）中 Ag 元素的 3d₅/₂ 的结合能为 368.62 eV，相比 Ag₃PO₄ 的 368.24 eV 向结合能增强方向发生了偏移，这说明在 Ag₃PO₄ 和 TiO₂（B）发生结合时有电子从 Ag₃PO₄ 流出。从图 5-6(b)可以看到 Ag₃PO₄/TiO₂(B)中 Ti 元素的 2P₃/₂ 的结合能为 457.96 eV，相比 TiO₂（B）的 458.39 eV 向结合能减弱方向发生了偏移，这说明在 TiO₂(B) 和 Ag₃PO₄ 发生结合时有电子流入 TiO₂（B）。这一结果与前面根据模拟计算得出的 Z 型异质结形成机制是一致，这也证明了前述模拟计算的分析结果是符合实际情况的。

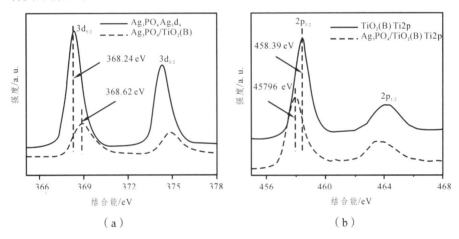

图 5-6　（a）Ag3d 高分辨 XPS 谱；（b）Ti2p 高分辨 XPS 谱

5.2.4　实验样品光催化降解 RhB 分析

为了测试样品的光催化降解性能，配制 20 mg/L 的 RhB 溶液 2 L，每次实验取 100 mL，将 20 mg 实验样品加入所取的 RhB 溶液中，超声 30 min，然后将上述实验混合液放置在光源强度（液面处）为 600 W/m² 太阳光模拟器（Solar-500Q）的光源下，开始光催化降解实验，实验持续 100 min，每隔十分钟从混合液中取 5 mL 液体，放入离心机，离心时间设置为 10 min，离心速度设置为 10 000 r/min。开始光催化降解实验，实验持续 100 min，每隔十分钟从混合液中取 5 mL 液体，放入离心机，离心时间设置为 10 min，离心速度设置为 10 000 r/min。完成离心后，取上清液用紫外-可见分光光度计测定吸光度 A_n，A_0 为 20 mg/L 的 RhB 溶液的吸光度。根据溶液浓度 C_n 与 A_n 成正比的关系即可得到 $C_n/C_0 = A_n/A_0$。

图 5-7 是样品 TiO$_2$（B）、P$_{25}$、Ag$_3$PO$_4$、Ag$_3$PO$_4$/TiO$_2$（B）（0.4∶1）、Ag$_3$PO$_4$/TiO$_2$（B）（0.8∶1）、Ag$_3$PO$_4$/TiO$_2$（B）（1.5∶1）光催化降解曲线对比图。从降解曲线可以看到条带状纳米 TiO$_2$（B）对 RhB 降解比较缓慢，经过 30 min 降解，降解率不足 20%。将其与 Ag$_3$PO$_4$ 复合后，复合产物的光催化降解性能得以提升，且随 Ag$_3$PO$_4$ 摩尔比的增加复合物光催化性能得以快速提升。当 Ag$_3$PO$_4$ 与 TiO$_2$ 摩尔比增加至 1.5∶1 时，30 min 内，复合光催化剂即可实现对 RhB 接近 100% 的降解，光催化性能提升至近 5 倍，远高于商用二氧化钛（P$_{25}$）的光催化降解性能。

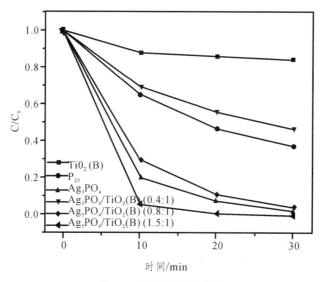

图 5-7　光催化降解曲线

为了证实通过构建 Z 型异质结所带来的上述光电性能的改善，并解释光催化性能提升的内在机制，我们接下来开展了紫外-可见光吸收谱测定、材料的荧光发射谱测定、材料的电化学阻抗测定和瞬态光电流响应测定实验。

5.2.5　实验样品光吸收性能对比分析

为了观察复合对光吸收性能的影响，我们做了 TiO_2（B）、Ag_3PO_4、Ag_3PO_4/TiO_2（B）紫外-可见光吸收曲线，如图 5-8（a）所示。可以看到通过将 TiO_2（B）与 Ag_3PO_4 复合，其复合产物 Ag_3PO_4/TiO_2（B）综合光吸收性能得到了明显提升。如图 5-8（b）所示，是 TiO_2（B）、Ag_3PO_4、Ag_3PO_4/TiO_2（B）带隙图，从图上可以看到通过 Tauc 图法实测 TiO_2（B）、Ag_3PO_4、Ag_3PO_4/TiO_2（B）的带隙值分别为 3.05 eV、2.48 eV、2.67 eV，显然经过复合，相比于 TiO_2（B），复合产物 Ag_3PO_4/TiO_2（B）的带隙值明显降低，这就是通过构建异质结提升光吸收性能的原因所在。

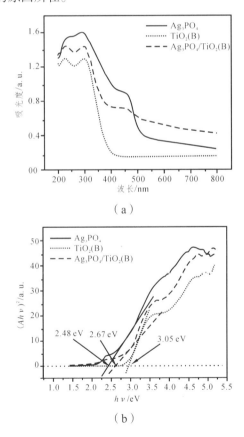

（a）

（b）

图 5-8　（a）TiO_2（B）、Ag_3PO_4、Ag_3PO_4/TiO_2（B）紫外-可见光吸收曲线；（b）TiO_2（B）、Ag_3PO_4、Ag_3PO_4/TiO_2（B）带隙图

5.2.6　实验样品的电化学阻抗分析

如图 5-9 是 TiO$_2$（B）、Ag$_3$PO$_4$、Ag$_3$PO$_4$/TiO$_2$（B）电化学阻抗 Nyquist 图，可以看到 TiO$_2$（B）、Ag$_3$PO$_4$、Ag$_3$PO$_4$/TiO$_2$（B）电化学阻抗 Nyquist 图分别对应的圆弧曲率半径依次减小。通常电化学阻抗 Nyquist 图圆弧半径越小说明半导体光催化材料的电导率越大，光生载流子越容易迁移。因此可以知道通过 Ag$_3$PO$_4$ 与 TiO$_2$（B）的复合所得 Z 型异质结复合物 Ag$_3$PO$_4$/TiO$_2$（B）中光生载流子的快速迁移性能得到了明显的改善，这一性能的改善有利于光生电子-空穴的快速分离，抑制复合，从而有利于光催化降解性能提升。

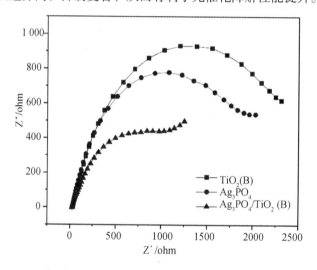

图 5-9　TiO$_2$（B）、Ag$_3$PO$_4$、Ag$_3$PO$_4$/TiO$_2$（B）电化学阻抗 Nyquist 图

5.2.7　实验样品的荧光发射谱（PL）分析

图 5-10 是 TiO$_2$（B）、Ag$_3$PO$_4$/TiO$_2$（B）（0.4：1）、Ag$_3$PO$_4$/TiO$_2$（B）（1.5：1）荧光发射谱图，从图中可以看 TiO$_2$（B）、Ag$_3$PO$_4$/TiO$_2$（B）（0.4：1）、Ag$_3$PO$_4$/TiO$_2$（B）（1.5：1）荧光发射谱依次减弱。一般材料的荧光发射谱的强弱代表了材料中光生电子-空穴对复合的强弱，光生电子-空穴对复合概率越高其荧光发射谱一般越强，光生电子-空穴对复合概率越低其荧光发生谱一般较弱。因此可以知道通过 Ag$_3$PO$_4$ 与 TiO$_2$（B）复合，所形成的异质结对光生

电子-空穴对的复合具有明显的抑制作用，而且这种抑制作用还与磷酸银含量有关，当 Ag₃PO₄ 与 TiO₂（B）的摩尔比为 1.5∶1 时，抑制作用最强。这就验证了我们前面理论模拟计算的结论：Ag₃PO₄ 与 TiO₂（B）复合形成了 Z 型异质结，在 Z 型异质结的作用下光生电子-空穴得到了有效分离，从而促进了光催化降解性能的提升，同时也对 Ag₃PO₄/TiO₂（B）（1.5∶1）具有最强的光催化降解 RhB 的实验结果给出了合理解释。

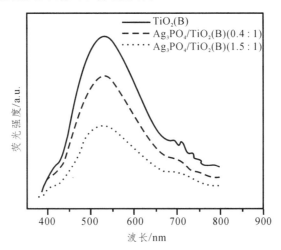

图 5-10 TiO₂（B）、Ag₃PO₄/TiO₂（B）（0.4∶1）、Ag₃PO₄/TiO₂（B）（1.5∶1）荧光发射谱图

5.2.8 实验样品的瞬态光电流响应分析

图 5-11 是 TiO₂（B）、Ag₃PO₄、Ag₃PO₄/TiO₂（B）（1.5∶1）瞬态光电流图，与荧光发射谱一样瞬态光电流图也可以用来表征材料中光生载流子复合的难易情况。从图中我们可以看到 TiO₂（B）、Ag₃PO₄、Ag₃PO₄/TiO₂（B）（1.5∶1）瞬态光电流依次增大。一般来说瞬态光电流越大说明材料中光生电子-空穴对越难复合，瞬态光电流越小说明材料中光生电子-空穴对越易复合。因此，图5-11 同样验证了我们前面理论模拟计算的结论：Ag₃PO₄ 与 TiO₂（B）复合形成的 Z 型异质结有效抑制了光生电子-空穴对的复合，使得更多光生电子、空穴能够迁移到光催化剂的表面参与光催化降解反应，从而促进了光催化降解性能大幅提升。

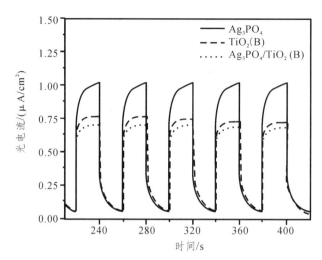

图 5-11 TiO$_2$（B）、Ag$_3$PO$_4$、Ag$_3$PO$_4$/TiO$_2$（B）（1.5：1）瞬态光电流响应图

上述分析测试所用仪器设备详情如下：所用 X 射线粉末衍射仪是由德国布鲁克公司生产的 BRUCKER D8 ADVANCE X 射线衍射仪，测试时采用 Cu 靶，广角衍射，扫描范围为 10°～80°，扫描速度为 10°/min，测试波长为 1.5406 Å，管电压是 40 kV，管电流是 40 mA。利用场发射扫描电子显微镜对实验样品的形貌结构和元素分布进行分析测试。所用场发射扫描电子显微镜为德国蔡司公司生产，型号为 Gemini SEM 300。利用场发射透射电子显微镜对实验样品更细致的形貌结构及元素分布进行分析测试，观察研究材料结构并进行纳米尺度的微分析，本研究所用场发射透射电子显微镜是由美国 FEI 公司生产，型号为 FEI Talos F200X。利用紫外-可见分光光度计对实验样品的光吸收性能、光催化降解性能及带隙进行分析测试。所用设备由上海仪电科学仪器有限公司生产，型号为 INESA L5S。利用电化学工作站分析测试样品的瞬态光电流和电化学阻抗从而对实验样品的光生电子-空穴复合及迁移性能进行分析表征。实验所用设备由中国辰华生产，型号为 CHI-760E。采用荧光光谱仪测试了样品的荧光发射谱，所用仪器由英国爱丁堡公司生产，型号为 FLS 1000/FS5。利用 X 射线光电子能谱仪对样品表面的元素组成及所处的化学状态进行了分析测试，所用 X 射线光电子能谱仪由美国赛默飞公司生产，型号为 Thermo escalab 250Xi。

实验材料制备过程中还用到了马弗炉（KSL-1700X）、鼓风干燥箱（DHG-9246A）、台式高速离心机（LC-LX-H185C）。实验所用仪器设备信息如表 5-2 所示。

表 5-2 实验所用仪器设备基本信息

设备名称	型号	生产厂家
马弗炉	KSL-1700X	合肥科晶
场发射扫描电子显微镜	Gemini SEM 300	蔡司
场发射透射电子显微镜	FEI Talos F200X	FEI
X 射线粉末衍射仪	BRUCKER D8 ADVANCE	布鲁克
荧光光谱仪	FLS 1000/FS5	爱丁堡
电化学工作站	CHI-760E	辰华
紫外-可见分光光度计	INESA L5S	上分
鼓风干燥箱	DHG-9246A	上海精宏
太阳光模拟器	Solar-500Q	北京纽比特
台式高速离心机	LC-LX-H185C	力辰科技

5.3 Ag_3PO_4/TiO_2（B）异质结总分析结果

利用简单的原位自生长法在 TiO_2（B）表面生成 Ag_3PO_4 颗粒，从而成功制备了 Ag_3PO_4/TiO_2（B）Z 型异质结复合物。通过 XRD、SEM、TEM、HRTEM、Mapping 等物相、形貌、元素分布等的全面细致分析，我们确认了 Ag_3PO_4/TiO_2（B）异质结的成功构建，并对 Ag_3PO_4/TiO_2（B）异质结复合物的组织形貌有了全面清晰认识。随后我们采用 VASP 软件对 Ag_3PO_4 和 TiO_2（B）带隙及功函数进行了模拟计算，根据计算结果参考已有的异质结研究，我们阐述清楚了 Z 型异质结的形成及工作机理。为了证实这一理论分析结论，我们对样品开展了 XPS 分析测试，发现 Ag_3PO_4 和 TiO_2（B）复合后确实存在电子从 Ag_3PO_4 向 TiO_2（B）迁移的事实，这一事实与空间电荷区形成时电子的理论迁移方向是一致的。从而我们从理论和实验上均证实了 Ag_3PO_4/TiO_2（B）Z 型异质结的成功构建。通过构建 Z 型异质结，我们成功实现了大幅提升光催化降解性能的目的，实现了 Ag_3PO_4/TiO_2（B）（1.5∶1）在 30 min 完全降解 RhB 溶液的高催化降解性能。但是美中不足的是 Ag_3PO_4 较为昂贵，使得复合光催化剂成本依然较高。为了实现催化剂的高性能与低成本，我们希望减少 Ag_3PO_4 用量，同时又能不降低催化剂性能甚至能够进一步提升催化剂性能，为此我们考虑在 Ag_3PO_4/TiO_2（B）二元体系中引入 Ti_3C_2 Mxene，采用构建非贵金属肖特基结复合与构建异质结复合综合协同提升光催化剂性能，同时降低 Ag_3PO_4 用量。

5.4　Ag_3PO_4/Ti_3C_2 MXene/TiO_2（B）三元体系构建的构想

Ti_3C_2 MXene 是新型的二维材料，具有良好的亲水性和优异的导电性，将其作为助催化剂与其他半导体复合可以形成肖特基结，这不仅可以有效拓展光吸收范围而且可以有效促进光生电子-空穴对的快速分离，从而提升复合光催化剂光催化性能[123-127]。为了获得高性能低成本光催化剂，考虑构建 TiO_2（B）/Ti_3C_2 MXene/Ag_3PO_4 三元复合光催化剂。首先将已制备好的条带状 TiO_2（B）和层片状 Ti_3C_2 MXene 通过静电自组装形成 TiO_2（B）/Ti_3C_2 MXene 复合物，然后通过原位自生长在 TiO_2（B）/Ti_3C_2 MXene 表面生长纳米 Ag_3PO_4 颗粒，最终制备出三元复合光催化剂 TiO_2（B）/Ti_3C_2 MXene/Ag_3PO_4。光催化剂中同时含有肖特基结和异质结，在肖特基结和异质结的协同作用下，复合光催化剂的光生电子-空穴迁移率、快速分离性能将得到明显提升，光生电子-空穴复合将得到有效抑制，光吸收性能将得到明显增强，进而将表现出优异光催化性能。设想图如图 5-12 所示。

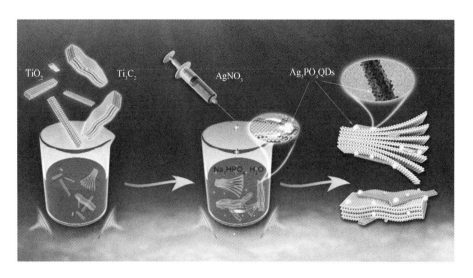

图 5-12　TiO₂（B）/Ti₃C₂ MXene/Ag₃PO₄ 三元复合物制备设想图

5.5　Ag₃PO₄/Ti₃C₂ MXene/TiO₂（B）三元体系的制备

5.5.1　Ti₃C₂ MXene 的制备

Ti₃C₂ MXene 由 Ti₃AlC₂ 通过 HF 刻蚀获得，具体制备方法如下：按照 1 g/20 mL 的比例将适量的 Ti₃AlC₂ 缓慢加入浓度为 40%（质量分数）的 HF 酸溶液里，常温下搅拌 24 h，采用离心法将所制备产物分离出来，离心机转速设定为 4 000 r/min，并用去离子水反复冲洗至近中性。

5.5.2　TiO₂（B）/Ti₃C₂ MXene 的制备

取 100 mg TiO₂（B）和 20 mg Ti₃C₂ MXene，放入去离子水中并超声 4 h，TiO₂（B）和 Ti₃C₂ MXene 通过静电自组装结合在一起，真空干燥箱干燥后即可获得 TiO₂（B）/20%Ti₃C₂ MXene 复合物。其他条件不变，仅改变用量，依次可获得 TiO₂（B）/2.5%Ti₃C₂ MXene、TiO₂（B）/5%Ti₃C₂ MXene、TiO₂（B）/10%Ti₃C₂ MXene、TiO₂（B）/30%Ti₃C₂ MXene。

5.5.3 Ag₃PO₄/Ti₃C₂ MXene/TiO₂（B）的制备

取上述制备的 TiO$_2$（B）/20%Ti$_3$C$_2$ MXene 复合物,按 TiO$_2$（B）/20%Ti$_3$C$_2$ MXene 与 Na$_2$HPO$_4$·12H$_2$O 为 1:0.8 的摩尔比将 Na$_2$HPO$_4$·12H$_2$O 和 TiO$_2$（B）/20%Ti$_3$C$_2$ MXene 加入去离子水中（这里 TiO$_2$（B）/20%Ti$_3$C$_2$ MXene 的摩尔数为两种组分摩尔数之和）,混合均匀,再按照 AgNO$_3$ 与 Na$_2$HPO$_4$·12H$_2$O 为 3:1 的摩尔比取 AgNO$_3$ 并配制成溶液,用注射器逐滴缓慢加入 Na$_2$HPO$_4$·12H$_2$O 和 TiO$_2$（B）/20%Ti$_3$C$_2$ MXene 的混合液中,并不断搅拌,通过原位自生长在 TiO$_2$（B）/20%Ti$_3$C$_2$ MXene 表面形成 Ag$_3$PO$_4$ 量子点,将产物用去离子水冲洗干净并在真空干燥箱中干燥后获得 TiO$_2$（B）/20%Ti$_3$C$_2$ MXene/Ag$_3$PO$_4$,标记为 TTA-20。按照同样的方法依次可制备出 TiO$_2$（B）/2.5%Ti$_3$C$_2$ MXene/Ag$_3$PO$_4$、TiO$_2$（B）/5%Ti$_3$C$_2$ MXene/Ag$_3$PO$_4$、TiO$_2$（B）/10%Ti$_3$C$_2$ MXene/Ag$_3$PO$_4$、TiO$_2$（B）/30%Ti$_3$C$_2$ MXene/Ag$_3$PO$_4$,依次标记为 TTA-2.5、TTA-5、TTA-10、TTA-30。

上述制备过程所用药品试剂有:钛碳化铝（Ti$_3$AlC$_2$）、12 水磷酸氢二钠（Na$_2$HPO$_4$·12H$_2$O）、硝酸银（AgNO$_3$）、氢氧化钠（NaOH）、氢氟酸（HF）、纳米二氧化钛（TiO$_2$）。具体来源如下:钛碳化铝（Ti$_3$AlC$_2$）从江苏先丰纳米材料科技有限公司购买;12 水磷酸氢二钠（Na$_2$HPO$_4$·12H$_2$O）从成都金山化学试剂有限公司购买;硝酸银（AgNO$_3$）从国药集团化学试剂有限公司购买;氢氧化钠（NaOH）、氢氟酸（HF）、纳米二氧化钛（TiO$_2$）从上海阿拉丁工业公司购买;实验所用去离子水为实验室自己制备,所用试剂均为分析纯,使用时均未进一步纯化。所用药品试剂信息如表 5-3 所示。

表 5-3　实验使用药品基本信息

药品名称	化学式	纯度	生产厂家
氢氧化钠	NaOH	分析纯	阿拉丁工业公司
纳米二氧化钛	TiO$_2$	分析纯	阿拉丁工业公司
磷酸二氢钠	Na$_2$HPO$_4$·12H$_2$O	分析纯	成都金山试剂

续表

药品名称	化学式	纯度	生产厂家
硝酸银	$AgNO_3$	分析纯	国药集团
钛碳化铝	Ti_3AlC_2	分析纯	江苏先丰纳米
氢氟酸	HF	40 wt%	阿拉丁工业公司
盐酸	HCl	37.5 wt%	阿拉丁工业公司
去离子水	H_2O	超纯	实验室自制

5.6　Ag_3PO_4/Ti_3C_2 MXene/TiO_2（B）性能的分析测试

5.6.1　实验样品的 XRD 测试分析

如图 5-13（a）所示，Ag_3PO_4 对应的标准 PDF 卡片为 JCPDS#06-0505，TiO_2（B）对应的标准 PDF 卡片为 JCPDS#35-0088，Ti_3AlC_2 对应的标准 PDF 卡片为 JCPDS#015-3266。经过 HF 刻蚀，Ti_3AlC_2 在 2θ=28.99°由（104）晶面对应的最强衍射锋在 Ti_3C_2 MXene 的衍射图谱中消失了；在 2θ=9.52°由（002）晶面，2θ=19.12°由（004）晶面对应的衍射锋在 Ti_3C_2 MXene 的衍射图谱中得到增强，且位置向更小的衍射角偏移，鉴于观察到的上述衍射峰的特点，根据文献[128-131]，说明 Ti_3AlC_2 的 Al 原子层被成功移除，获得了 Ti_3C_2 MXene。对比 TiO_2（B）/20%Ti_3C_2、Ti_3C_2 MXene、TiO_2（B）的 XRD 衍射图，TiO_2（B）/20%Ti_3C_2 谱图的衍射峰基本与 TiO_2（B）衍射锋位置一致，但衍射锋半锋宽增大，仅观察到 Ti_3C_2 MXene 在 2θ=9.14°，由晶面（002）对应的衍射锋微弱出现，这可能是由于 Ti_3C_2 MXene 含量较少，且衍射峰相对较弱的原因。由图 5-13（b）可以看到 TiO_2（B）/Ti_3C_2 MXene/Ag_3PO_4 三元复合物衍射图谱主要由 Ag_3PO_4 对应的衍射峰构成，未能观察到 Ti_3C_2 MXene 和 TiO_2（B）对应的衍射峰，这主要是由于相比 Ti_3C_2 MXene 和 TiO_2（B），Ag_3PO_4 具有良好的结晶性，衍射强烈所致。

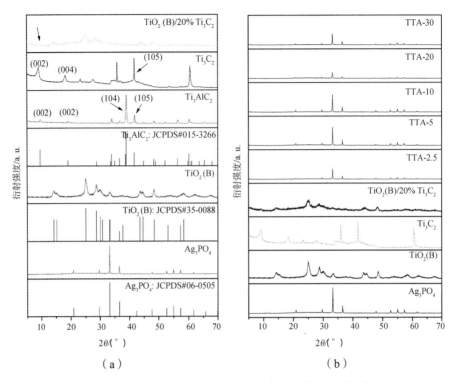

图 5-13 （a）Ag₃PO₄、TiO₂（B）、Ti₃AlC₂、Ti₃C₂ MXene 和 TiO₂（B）/20%Ti₃C₂ XRD
图谱；（b）Ag₃PO₄、TiO₂（B）、Ti₃C₂ MXene、TiO₂（B）/20%Ti₃C₂、TTA-2.5、
TTA-5、TTA-10、TTA-20、TTA-30 XRD 图谱

5.6.2　实验样品的 SEM 测试分析

采用扫描电子显微镜对实验样品的形貌结构进行了观察。图 5-14（a）是
Ti₃C₂ MXene 的微观形貌图，可以看到由 Ti₃AlC₂ 通过 HF 刻蚀获得 Ti₃C₂
MXene 呈大小不一的块体状，每一块呈非常漂亮的手风琴状，这与大多数文
献报道的 Ti₃C₂ MXene 典型形貌是一致的[132-135]，结合 XRD 的分析测试结果
说明我们成功制备了多层 Ti₃C₂ MXene。

图 5-14（b）是 TiO₂（B）的微观形貌，呈条带状。图 5-14（c）是 TiO₂
（B）/Ti₃C₂ MXene/Ag₃PO₄ 三元复合物的形貌，可以看到条带状的 TiO₂（B）
与层片状的 Ti₃C₂ MXene 紧密结合在一起，在他们的表面可以看到很多细小的

Ag$_3$PO$_4$ 颗粒。结合 XRD 的分析结果，我们可以确认 TiO$_2$（B）、Ti$_3$C$_2$ MXene、Ag$_3$PO$_4$ 有序地结合在了一起，但是否形成肖特基结及异质结还需要进一步采用 TEM 进行更为细致的观察。

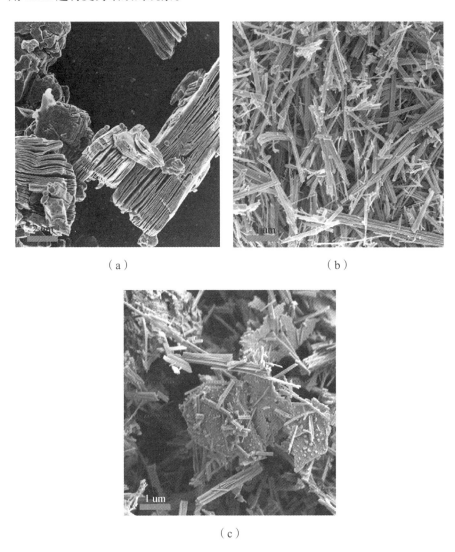

（a）

（b）

（c）

图 5-14　（a）Ti$_3$C$_2$ MXene 的 SEM 图；（b）TiO$_2$（B）的 SEM 图；（c）TiO$_2$（B）/Ti$_3$C$_2$ MXene/Ag$_3$PO$_4$ 三元复合物的 SEM 图

5.6.3 实验样品的 TEM 测试分析

图 5-15（a）是 TiO_2（B）/Ti_3C_2 MXene/Ag_3PO_4 三元复合物中 TiO_2（B）/Ag_3PO_4 的 TEM 图，从该图中可以清楚地观察到微小的 Ag_3PO_4 颗粒布满 TiO_2（B）表面，图 5-15（b）是图（a）对应的 HRTEM 图，从图上可以看到 Ag_3PO_4 呈斑点状与 TiO_2（B）表面由异质结紧密结合，通过对图片上的晶面间距进行测量知道 Ag_3PO_4 的晶面间距值是 0.243 nm，其对应的晶面是（211），TiO_2（B）的晶面间距是 0.354 nm，对应的晶面是（110）。图 5-15（c）是 TiO_2（B）/Ti_3C_2 MXene/Ag_3PO_4 三元复合物中 Ti_3C_2 MXene/Ag_3PO_4 的 TEM 图，从该图中可以清楚地观察到 Ag_3PO_4 颗粒与 Ti_3C_2 MXene 结合在一起，图 5-15（d）是图（c）对应的 HRTEM 图，从该图可以看到 Ag_3PO_4 呈斑点状与 Ti_3C_2 MXene 表面由异质结紧密结合，通过对图片上的晶面间距进行测量知道 Ag_3PO_4 的晶面间距值是 0.270 nm，其对应的晶面是（210），Ti_3C_2 MXene 的晶面间距是 0.218 nm，对应的晶面是（105）。

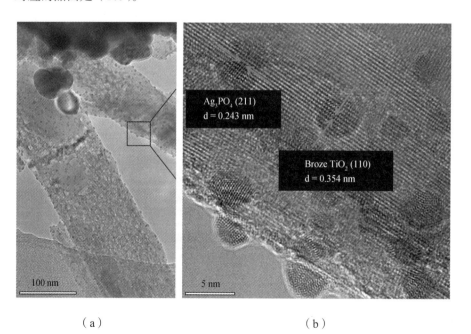

（a）　　　　　　　　　　　（b）

（c）　　　　　　　　　　　　　　（d）

图 5-15　（a）TiO₂（B）/Ti₃C₂ MXene/Ag₃PO₄ 三元复合物中 TiO₂（B）/Ag₃PO₄ 的 TEM 图；（b）TiO₂（B）/Ti₃C₂ MXene/Ag₃PO₄ 三元复合物中 TiO₂（B）/Ag₃PO₄ 的 HRTEM 图；（c）TiO₂（B）/Ti₃C₂ MXene/Ag₃PO₄ 三元复合物中 Ti₃C₂ MXene/Ag₃PO₄ 的 TEM 图；（d）TiO₂（B）/Ti₃C₂ MXene/Ag₃PO₄ 三元复合物中 Ti₃C₂ MXene/Ag₃PO₄ 的 HRTEM 图。

　　图 5-16（a）是 TiO_2（B）/Ti_3C_2 MXene/Ag_3PO_4 三元复合物的 HAADF 图，可以看到条带状 TiO_2（B）和层片状 Ti_3C_2 MXene 块交叠在一起，明亮的 Ag_3PO_4 颗粒分布在 TiO_2（B）和 Ti_3C_2 MXene 表面。图 5-16（b）是 TiO_2（B）/Ti_3C_2 MXene/Ag_3PO_4 三元复合物所含 C、N、P、Ti、Ag 元素的 Mapping 图，其各元素的分布特征与前述形貌特征完全一致。总之通过 TEM、HRTEM 以及元素的 Mapping 分析测试，我们确定了带有异质结及肖特基结的 TiO_2（B）/Ti_3C_2 MXene/Ag_3PO_4 三元复合物的成功制备。在异质结和肖特基结的协同作用下 TiO_2（B）/Ti_3C_2 MXene/Ag_3PO_4 三元复合物在光吸收性能、光生载流子的快速迁移和分离性能将会得到显著提升，光生电子-空穴对的复合将会得到有效抑制，这些光催化剂光电性能的改善必定会大幅提升其光催化降解性能。为此我们接下来便开展了光催化降解实验，以了解其光催化性能。

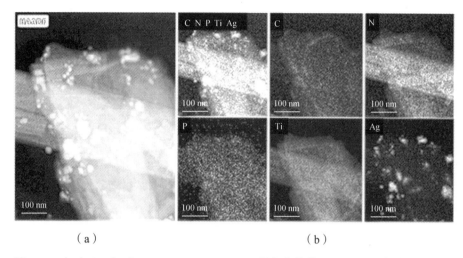

（a）   （b）

图 5-16   （a）TiO$_2$（B）/Ti$_3$C$_2$ MXene/Ag$_3$PO$_4$ 三元复合物的 HADDF 图；（b）TiO$_2$（B）/Ti$_3$C$_2$ MXene/Ag$_3$PO$_4$ 三元复合物的 C、N、P、Ti、Ag Mapping 图

5.6.4   实验样品的光催化降解性能测试分析

为了测试样品的光催化降解性能，配制 20 mg/L 的 RhB 溶液 2 L，每次实验取 100 mL，将 20 mg 实验样品加入所取的 RhB 溶液中，超声 30 min，然后将上述实验混合液放置在光源强度（液面处）为 600 W/m^2 太阳光模拟器（Solar-500Q）的光源下，开始光催化降解实验，实验持续 100 min，每隔 10 min 从混合液中取 5 mL 液体，放入离心机，离心时间设置为 10 min，离心速度设置为 10 000 r/min。开始光催化降解实验，实验持续 100 min，每隔十分钟从混合液中取 5 ml 液体，放入离心机，离心时间设置为 10 min，离心速度设置为 10 000 r/min。完成离心后，取上清液用紫外-可见分光光度计测定吸光度 A_n，A_0 为 20 mg/L 的 RhB 溶液的吸光度。根据溶液浓度 C_n 与 A_n 成正比的关系即可得到 $C_n/C_0 = A_n/A_0$。

如图 5-17（a）是 TiO$_2$（B）、TiO$_2$（B）/20%Ti$_3$C$_2$、Ag$_3$PO$_4$、TTA-2.5、TTA-5、TTA-10、TTA-20、TTA-30、P$_{25}$ 的光催化降解曲线，从图可以看到，相比于 TiO$_2$（B），TiO$_2$（B）/20%Ti$_3$C$_2$ 的光催化性能得到了提升。与 TiO$_2$（B）/20%Ti$_3$C$_2$ 和 Ag$_3$PO$_4$ 相比，三元复合物 TiO$_2$（B）/Ti$_3$C$_2$ MXene/Ag$_3$PO$_4$ 光催

化性能得到了明显提升，且复合物光催化性能先随 Ti₃C₂ Mxene 增加而增强，复合物样品 TTA-20 光催化降解性能达到最高，再增加 Ti₃C₂ Mxene 含量，复合物样品 TTA-30 光催化降解性能反而降低。另外与商用 TiO₂（P₂₅）相比，三元复合物 TiO₂（B）/Ti₃C₂ MXene/Ag₃PO₄ 光催化性能明显较高。如图 5-17（b）是 TiO₂（B）、TiO₂（B）/20%Ti₃C₂、Ag₃PO₄、TTA-2.5、TTA-5、TTA-10、TTA-20、TTA-30、P₂₅ 的光催化降解动力学曲线拟合图。从图 5-17（b）可以看到 TiO₂（B）、TiO₂（B）/20%Ti₃C₂ MXene、Ag₃PO₄ 的 k 值较低，分别为 $0.009\ min^{-1}$、$0.011\ min^{-1}$、$0.085\ min^{-1}$，TTA（TiO₂（B）/Ti₃C₂ MXene/Ag₃PO₄）对应的 k 值明显提高，且从 $k_{TTA-2.5}=0.183\ min^{-1}$ 逐渐增加至最大 $k_{TTA-20}=0.345\ min^{-1}$，然后减小至 $k_{TTA-30}=0.241\ min^{-1}$。如图 5-17（c）是具有最强光催化降解性能的 TTA-20 降解 RhB 溶液过程中溶液颜色变化照片，每一个编号拍照时间间隔是 10 min，因此可以看到经过 10 min 降解，RhB 溶液就几乎被完全降解，基本失去了颜色，到 20 min 时，已经完成了对 RhB 溶液的完全降解，溶液完全不带有颜色。通过光催化降解实验我们证实了在异质结、肖特基结协同作用下，三元复合物光催化性能得到了大幅提升，表现出了极强的光催化降解性能。

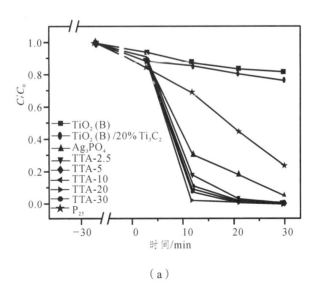

（a）

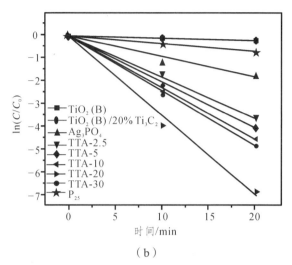

（b）

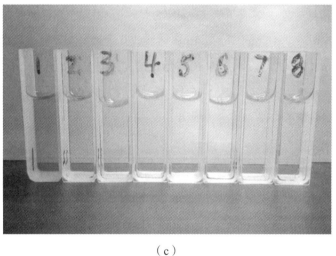

（c）

图 5-17　（a）TiO$_2$（B）、TiO$_2$（B）/20%Ti$_3$C$_2$、Ag$_3$PO$_4$、TTA-2.5、TTA-5、TTA-10、
　　　　TTA-20、TTA-30、P$_{25}$ 的光催化降解曲线；（b）TiO$_2$（B）、TiO$_2$（B）/20%Ti$_3$C$_2$、
　　　　Ag$_3$PO$_4$、TTA-2.5、TTA-5、TTA-10、TTA-20、TTA-30、P$_{25}$ 的光催化降解动
　　　　力学拟合曲线图；（c）TTA-20 光催化降解过程中颜色变化照片。

　　与 Ag$_3$PO$_4$/TiO$_2$（B）（1.5∶1）Z 型异质结复合光催化剂的光催化降解性
能相比，很明显 TTA-20 光催化性能明显高于 Ag$_3$PO$_4$/TiO$_2$（B）（1.5∶1），这
说明我们通过构建异质结、肖特基结协同增强三元复合光催化剂的光催化性能

成功得到了提高，同时减少了 Ag₃PO₄ 用量，实现了高性能低成本光催化剂的制备目标。

5.6.5　实验样品的光吸收性能测试分析

图 5-18（a）是 Ti₃C₂、TiO₂（B）、Ag₃PO₄、TTA-20、TiO₂（B）/20%Ti₃C₂ 的紫外-可见光吸收谱线，可以看到 TiO₂（B）与 Ti₃C₂ MXene 复合后对可见光的吸收能力明显提升，进一步与 Ag₃PO₄ 复合所得样品 TTA-20 的光吸收性能再次得到提升。图 5-18（b）采用 Tauc 图法计算了 TiO₂（B）、TiO₂（B）/20%Ti₃C₂ MXene、TTA-20、Ti₃C₂ 的带隙，分别为 3.32 eV、3.32 eV、3.14 eV、1.67 eV，因此 TiO₂（B）通过与 Ti₃C₂ 和 Ag₃PO₄ 复合降低了带隙，从而使三元复合材料光吸收性能得以大幅提升。光吸收性能的提升意味着在相同条件下有更多的光子被吸收，从而激发出更多的电子-空穴对，电子-空穴对的大量增加将使迁移至光催化剂表面参与光催化降解反应的电子-空穴数目具备了增加的可能，显然对光催化降解性能的提升是十分有利的。因此通过异质结、肖特基结协同作用构建出的三元复合光催化剂性能提升的第一个内在机制就是，通过复合提升了复合材料的综合光吸收性能。

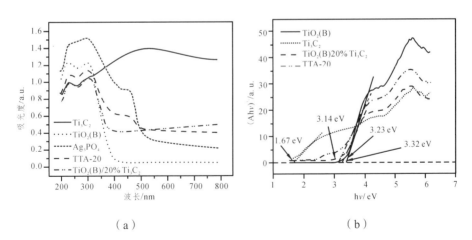

（a）　　　　　　　　　　　　　　（b）

图 5-18　（a）Ti₃C₂、TiO₂（B）、Ag₃PO₄、TTA-20、TiO₂（B）/20%Ti₃C₂ 的紫外-可见光吸收谱线；（b）TiO₂（B）、Ti₃C₂、TiO₂（B）/20%Ti₃C₂、TTA-20 的带隙图

通过上述分析，很明显通过三元复合制备的同时含有异质结和肖特基结的催化剂的光吸收性能得到了提升，将具有最高光催化性能的 TTA-20 的光吸收谱线与 Ag₃PO₄/TiO₂（B）（1.5∶1）光吸收谱线进行对比发现，相比于 Ag₃PO₄/TiO₂（B）（1.5∶1），TTA-20 的吸收带边进一步向可见光区拓展，因此 TTA-20 具有更好的光吸收性能，这是 TTA-20 光催化性能较 Ag₃PO₄/TiO₂（B）（1.5∶1）得以提升的其中一个原因。Ag₃PO₄/TiO₂（B）（1.5∶1）与 TTA-20 光吸收谱线的对比图如图 5-19 所示。

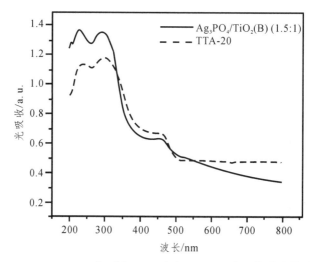

图 5-19　Ag₃PO₄/TiO₂（B）（1.5∶1）与 TTA-20 光吸收谱线的对比图

5.6.6　实验样品的电化学阻抗测试分析

如图 5-20 是 TiO₂（B）、Ag₃PO₄、TiO₂（B）/20%Ti₃C₂、TTA-20 电化学阻抗的 Nyquist 图。可以看到 TiO₂（B）、Ag₃PO₄、TiO₂（B）/20%Ti₃C₂、TTA-20 对应圆弧的曲率半径依次减小，尤其是 TTA-20 有着极小的曲率半径。而曲率半径的减小意味着光生载流子的快速迁移性能得到改善，这说明通过异质结、肖特基结协同复合有力地促进了光催化剂中光生载流子的快速迁移，这有利于抑制光生电子-空穴对的复合，促使更多的光生电子和空穴快速到达催化剂表面参与光催化降解反应，从而有利于光催化性能的提升。这是三元异质结、肖特基结提升光催化性能的第二个内在的原因。

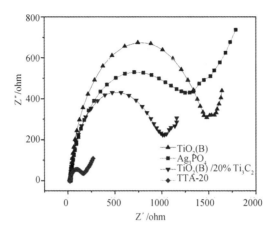

图 5-20　TiO₂（B）、Ag₃PO₄、TiO₂（B）/20%Ti₃C₂、TTA-20 **电化学阻抗的** Nyquist **图**

上边的阻抗分析表明通过构建同时含有异质结和肖特基结的 TiO₂（B）/Ti₃C₂ MXene/Ag₃PO₄ 三元复合光催化剂，光催化性能成功获得了大幅提升。将具有最高光催化性能的 TTA-20 的电化学阻抗的 Nyquist 图与 Ag₃PO₄/TiO₂（B）（1.5∶1）电化学阻抗 Nyquist 图进行对比发现，相比于 Ag₃PO₄/TiO₂（B）（1.5∶1），TTA-20 的图线曲率半径十分的小，因此 TTA-20 具有更好的载流子迁移性能，这是 TTA-20 光催化性能较 Ag₃PO₄/TiO₂（B）（1.5∶1）得以提升的另一个原因。Ag₃PO₄/TiO₂（B）（1.5∶1）与 TTA-20 电化学阻抗 Nyquist 对比图如图 5-21 所示。

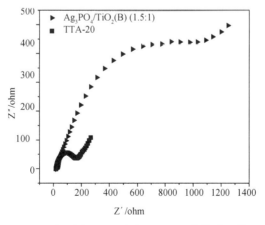

图 5-21　Ag₃PO₄/TiO₂（B）（1.5∶1）**与** TTA-20 **电化学阻抗** Nyquist **对比图**

5.6.7 实验样品的瞬态光电流测试分析

如图 5-22 是 TiO_2（B）、Ag_3PO_4、TiO_2（B）/20%Ti_3C_2、TTA-20 的瞬态光电流响应图。可以看到 Ag_3PO_4 光电流大于 TiO_2（B），TiO_2（B）经与 Ti_3C_2 复合后光电流得以提升，大于 Ag_3PO_4 和 TiO_2（B）的光电流，TiO_2（B）经与 Ti_3C_2 复合后再与 Ag_3PO_4 复合得到的 TTA-20 光电流值最大。通过瞬态光电流分析，我们知道三元复合物 TiO_2（B）/Ti_3C_2 MXene/Ag_3PO_4 光电流得到了大幅提升，而光电流增大意味着光生电子-空穴对的复合得到了有效抑制。因此异质结、肖特基结协同作用的三元复合物 TiO_2（B）/Ti_3C_2 MXene/Ag_3PO_4 光催化性能提升的第三个原因是通过异质结、肖特基结协同作用有效抑制了光生电子-空穴对的复合。

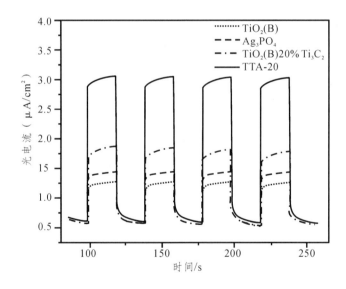

图 5-22 TiO_2（B）、Ag_3PO_4、TiO_2（B）/20%Ti_3C_2、TTA-20 的瞬态光电流响应图

通过上述光电流的分析我们知道，通过 TiO_2（B）、Ag_3PO_4、Ti_3C_2 的三元复合，我们成功构建了由异质结、肖特基结协同作用的 TiO_2（B）/Ti_3C_2 MXene/Ag_3PO_4三元复合光催化剂，光催化性能成功获得了大幅提升。将具有

最高光催化性能的 TTA-20 的光电流与 Ag_3PO_4/TiO_2（B）（1.5 : 1）光电流进行对比发现，相比于 Ag_3PO_4/TiO_2（B）（1.5 : 1），TTA-20 的光电流明显较大，因此 TTA-20 具有更好的光生电子-空穴对分离性能，这是 TTA-20 光催化性能较 Ag_3PO_4/TiO_2（B）（1.5 : 1）得以提升的第三个原因。Ag_3PO_4/TiO_2（B）（1.5 : 1）与 TTA-20 光电流大小对比图如图 5-23 所示。

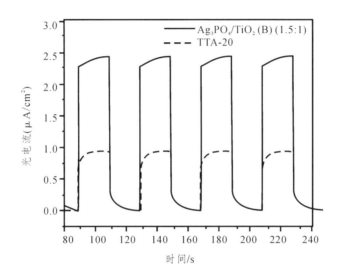

图 5-23　Ag_3PO_4/TiO_2（B）（1.5 : 1）与 TTA-20 光电流对比图

5.6.8　实验样品的荧光发射谱测试分析

图 5-24 是 TiO_2（B）、Ag_3PO_4、TiO_2（B）/20%Ti_3C_2、TTA-20 的荧光发射谱图。由图可知，样品 TiO_2（B）、Ag_3PO_4、TiO_2（B）/20%Ti_3C_2、TTA-20 的荧光发射谱逐渐减弱，荧光发射谱减弱意味着光生电子-空穴对的复合得到了抑制。因此通过荧光发射谱图分析，同样表明了三元复合物 TiO_2（B）/Ti_3C_2 MXene/Ag_3PO_4 光催化性能提升的第三个原因是通过异质结、肖特基结协同作用有效抑制了光生电子-空穴对的复合。

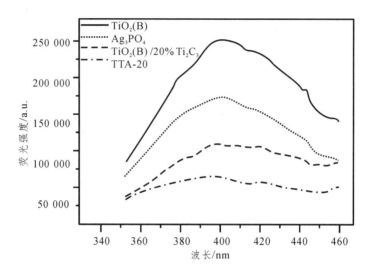

图 5-24 TiO₂（B）、Ag₃PO₄、TiO₂（B）/20%Ti₃C₂、TTA-20 的荧光发射谱图

上述分析测试所用仪器设备具体情况如下：利用 X 射线粉末衍射仪对实验样品的晶体结构和组分进行分析测试。所用 X 射线粉末衍射仪是由德国布鲁克公司生产的 BRUCKER D8 ADVANCE X 射线衍射仪，测试时采用 Cu 靶，广角衍射，扫描范围为 5°～70°，扫描速度为 10°/min，测试波长为 1.5406 Å，管电压是 40 kV，管电流是 40 mA。利用场发射扫描电子显微镜对实验样品的形貌结构进行分析测试。所用场发射扫描电子显微镜为德国蔡司公司生产，型号为 Gemini SEM 300。利用场发射透射电子显微镜对实验样品更细致的形貌结构及元素分布进行分析测试，观察研究材料结构并进行纳米尺度的微分析，本研究所用场发射透射电子显微镜是由美国 FEI 公司生产，型号为 FEI Talos F200X。利用紫外-可见分光光度计对实验样品的光催化降解性能、光吸收性能及带隙进行分析测试。所用设备由上海仪电科学仪器有限公司生产，型号为 INESA L5S。利用电化学工作站分析测试样品的瞬态光电流和电化学阻抗从而对实验样品的光生电子-空穴复和及迁移性能进行分析表征。实验所用设备由中国辰华生产，型号为 CHI-760E。实验材料制备过程中还用到了马弗炉（KSL-1700X）、鼓风干燥箱（DHG-9246A）、台式高速离心机（LC-LX-H185C）。实验所用仪器设备信息如表 5-4 所示。

表 5-4　实验所用仪器设备基本信息

设备名称	型号	生产厂家
马弗炉	KSL-1700X	合肥科晶
场发射扫描电子显微镜	Gemini SEM 300	蔡司
场发射透射电子显微镜	FEI Talos F200X	FEI
X 射线粉末衍射仪	BRUCKER D8 ADVANCE	布鲁克
荧光光谱仪	FLS 1000/FS5	爱丁堡
电化学工作站	CHI-760E	辰华
紫外-可见分光光度计	INESA L5S	上分
鼓风干燥箱	DHG-9246A	上海精宏
太阳光模拟器	Solar-500Q	北京纽比特
台式高速离心机	LC-LX-H185C	力辰科技

5.7　Ag₃PO₄/TiO₂（B）/Ti₃C₂ Mxene 三元复合光催化剂总结论

在 Ag₃PO₄/TiO₂（B）异质结的研究基础上，首先通过 HF 刻蚀 Ti₃AlC₂ 获得 Ti₃C₂ MXene，并用水热法制备了 TiO₂（B），然后由静电自组装法制备了 TiO₂（B）/Ti₃C₂ MXene 肖特基结复合物。随后，再通过原位自生长在 TiO₂（B）/Ti₃C₂ MXene 表面生成了 Ag₃PO₄ 量子点，从而成功制备 Ag₃PO₄/TiO₂（B）/Ti₃C₂ Mxene 三元复合光催化剂。通过 XRD、SEM、TEM、HRTEM、Mapping 分析测试手段的应用，我们确认了各组分物质结构，清楚了 Ag₃PO₄/TiO₂（B）/Ti₃C₂ Mxene 三元异质结复合物形貌结构，直接观察到了 Ag₃PO₄/TiO₂（B）异质结和 Ag₃PO₄/Ti₃C₂ MXene 肖特基结，从而确认异质结、肖特基结协同作用 Ag₃PO₄/TiO₂（B）/Ti₃C₂ Mxene 三元复合光催化剂的成功制备。

在异质结、肖特基结协同作用下，促使复合光催化剂的光吸收能力得到大幅提升，光生载流子的快速迁移性能得到明显改善，光生电子-空穴对的复合得到有效抑制，这些性能的改善大大提升了复合光催化剂的光催化降解性能，这在光催化降解实验中得到了证实。光催化降解实验表明三元复合物 TiO_2（B）/Ti_3C_2 MXene/Ag_3PO_4 光催化性能得到了明显提升，且 TiO_2（B）/Ti_3C_2 MXene/Ag_3PO_4 复合物光催化性能随 Ti_3C_2 MXene 含量增加而增强，当 Ti_3C_2 MXene 含量增加至 20% 时，光催化性能达到最大值，20 min 内可以实现对 RhB 溶液的完全降解，继续增加 Ti_3C_2 MXene 含量，复合物的光催化性能反而下降。

第6章 光催化技术在生态环境治理中的应用

21世纪人类社会发展迅猛,在科技和经济方面都获得了巨大的进步,取得了空前的繁荣,但是生态环境问题也日益突出,严重威胁了人类的生存和发展。可持续发展已经成为了当今社会必须选择的道路,而其面临的一个巨大挑战便是生态环境的污染破坏。太阳能作为一种可再生能源,具有资源丰富、廉价、清洁的优点,其既可以免费使用,又无需运输,对环境零污染,是实现人类可持续发展的基础。因此,如何高效地利用、转化与储存太阳能是21世纪科学研究的重要课题。光催化技术就是完全由太阳能驱动的技术。自1972年Honda-Fujishima采用TiO_2作为催化剂利用太阳光实现水分解以来,半导体光催化领域就得到了广泛的关注和飞速发展,这一技术为我们提供了一种理想的能源利用和治理环境污染的方法。为了揭示该过程的机理和提高 TiO_2 的光催化效率,40多年来,物理、化学以及材料领域的科学家们进行了大量的研究工作,但前期主要基于能源开发进行研究。光催化在环境保护与治理上的应用研究始于20世纪70年代后期,有学者利用 TiO_2 悬浮液,在紫外光照射下降解多氯联苯和氰化物获得成功,被认为是光催化在消除环境污染方面的首创性工作。80年代初,多相光催化在消除空气和水中有机污染物方面取得重要进展,成为多相光催化的一个重要领域。环境友好光催化技术作为环保新技术,其实用化的研究开发受到广泛关注。世界上许多国家投入了大量的资金和研究力量从事光催化功能材料及相应技术的研究及开发,涉及光催化消除环境污染物的报道日益增多。目前,光催化环境友好应用研究领域的发展十分迅速,展示出了巨大的应用前景。

6.1 水污染与水生生态

水污染是当前人类面临的最严重挑战之一，日趋加重的水污染已经严重破坏了水生生态，成为人类健康和经济社会可持续发展的重大障碍，严重威胁了人类的生存发展[136-139]。造成水污染的污染源主要有工业生产排放的污水、生活污水、畜禽养殖污水、农业生产使用的农药、石油泄漏和降雨径流所引入的污染等（见图 6-1）[140-144]。常见的水污染类型有：耗氧有机污染、氮磷富营养化污染、农药污染、重金属污染、抗生素污染等。

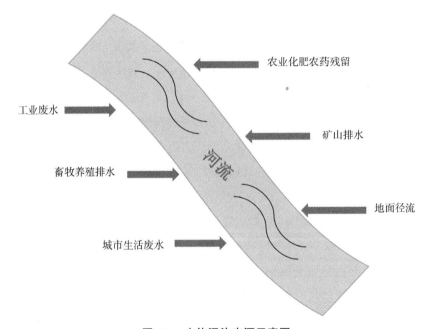

图 6-1　水体污染来源示意图

（1）耗氧有机污染。主要是指来自于城镇生活污水、畜牧养殖污水、工业废水中的糖类、脂肪、蛋白质等有机物污染，这些有机物在微生物的作用下最终分解为简单的无机物，分解的过程中需要消耗大量氧气，当水体中耗氧有机物过多时，水中溶解的氧气被大量消耗而不能通过复氧过程得以及时补偿，就会造成水体中溶解氧大幅减少，从而导致水生生物死亡，同时也会促使厌氧细菌大量繁殖，形成厌氧分解，使水体发臭。

（2）氮磷富营养化污染。主要是化肥工矿企业、畜禽养殖、农业施肥、水土流失、城镇生活污水中的氮磷等植物营养盐进入水体造成的污染。富营养化的最直接的影响是造成水体中藻类和水生植物过度繁殖，甚至引发藻华爆发（见图 6-2）。水体中过多的藻类和水生植物早晨的呼吸作用将会耗尽水体中的氧气，从而引起鱼类、无脊椎动物等水生生物窒息死亡。一些藻类会释放毒素，毒素通过食物链可以威胁鱼类、鸟类甚至人类健康。因此水体的富营养化污染将会对水域的生态多样性造成破坏，一些物种将会消失，水域生态系统的结构、功能将会发生变化。图 6-3 展示了有害藻华的危害途径。

图 6-2　中国黄海赤潮

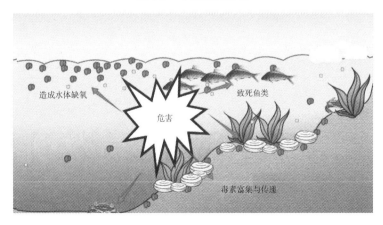

图 6-3　有害藻华的危害途径

121

（3）农药污染。农药在保障和促进农业生产方面具有重要作用，得到了广泛的使用。农药主要有有机氯农药、有机磷农药、氨基甲酸酯农药等。大量使用的农药中仅有少量农药能够作用于靶的生物，大部分农药通过降水和径流汇集进入水体，造成农药污染。汇入水体的农药会影响鱼类洄游繁殖，甚至造成鱼类死亡。同时农药污染也会抑制水体中微生物的生长，影响水体自我净化能力。

（4）重金属污染。主要指铅、镉、铬、铅、砷等有毒金属污染，重金属对水体的污染主要来源于天然和人为两种，天然污染主要是因为重金属在自然界的背景值较高，而使水体中重金属含量偏高，人为污染则主要是人类开展的采矿冶炼、工业生产等造成的。重金属污染除了影响水生生物的生存发展外，还可通过食物链最终威胁人类健康。

（5）抗生素污染。抗生素被广泛用于治疗人和动物各种细菌感染或致病微生物感染类疾病，同时由于抗生素不仅可以预防畜禽疾病而且可以提高饲料效率促进畜禽生长，因此在养殖业中作为饲料添加剂被广泛使用。我国是抗生素的生产和消费大国，抗生素的滥用问题十分突出，然而这些大量使用的抗生素在人体和动物体内并不能被完全降解吸收，大部分抗生素及其活性产物会随着粪便排出，并通过生活污水和养殖污水进入到水体当中[145-147]。抗生素进入水体后将会抑制部分细菌的生长从而影响微生物生态平衡，危害水生生物，甚至诱导抗性微生物的增加。抗生素污染也可以通过食物链、抗性微生物威胁人类的健康和发展，表6-1列出了七大抗生素对人体的危害。

表6-1　七大抗生素对人体的危害

抗生素类别	主要抗生素名称	对人体危害
β-内酰胺类	青霉素、头孢	过敏休克、损害皮肤
氨基糖苷类	庆大霉素、阿米卡星	损害肾脏、眼睛
大环内酯类	红霉素、克拉霉素	消化系统、泌尿系统损伤
四环素类	四环素、土霉素	骨骼畸形、肝肾损伤
林可霉素类	林可、克林霉素	皮肤损伤、肠胃损伤
氯霉素类	氯霉素	贫血、白细胞减少
多肽类	万古霉素	肾脏疾病

显然水污染对水生生态具有重大的影响,污染物对水生生物个体大概有三个方面的影响,一是可以造成生物种类的减少,最严重的可以造成除细菌以外的其他生物灭绝;二是影响光合作用、呼吸作用以及生长生殖等亚致死效应,以及致畸、致突变、致癌等;三是有毒物质在生物体内积累,通过食物链向高一级营养层次的生物体内转移,使有毒物质在食物链内不断累积。从生物群体来看,由于不同生物对污染物反应的敏感程度不同,在污染物存在的水环境中,生物间的竞争力将会发生变化,耐受污染的物种会成为优势物种,最终造成生物群落发生变化。污染物通过对生物个体、群体产生影响最终对整个水生生态产生影响,对生态系统的结构、功能均有影响,包括生态系统组成、结构以及物质循环、能量流动、信息传递和系统动态化过程等。具体来看,受污染水体中由于生物种类减少从而造成水生生态系统中生物多样性降低;部分影响光合作用的污染物会使水体的初级生产力下降,产氧能力下降,或有害藻类过多繁殖,加剧水体污染,生态系统食物链被破坏,物质循环中断,水生生态系统功能受损,最终将可能导致整个水生生态系统崩溃。

6.2　空气污染与危害

空气污染,又称为大气污染,按照国际标准化组织(ISO)的定义,空气污染通常是指:由于人类活动或自然过程引起某些物质进入大气中,呈现出足够的浓度,达到足够的时间,并因此危害了人类的舒适、健康和福利或环境的现象。

换言之,只要是某一种物质其存在的量、性质及时间足够对人类或其他生物、财物产生影响的,我们就可以称其为空气污染物,而其存在造成的现象,就是空气污染。2017 年 10 月 27 日,世界卫生组织国际癌症研究机构公布的致癌物清单初步整理参考,室外空气污染在一类致癌物清单中。据《印度快报》2022 年 5 月 18 日报道,2019 年在全球范围内,仅空气污染就导致667 万人死亡,其中印度 167 万,是所有国家中与空气污染相关的死亡人数最多的国家。

6.2.1　大气污染物

大气污染物是指由于人类活动或自然过程排入大气的并对环境或人产生有害影响的那些物质。大气污染物按其存在状态可分为两大类：一种是气溶胶状态污染物，另一种是气体状态污染物；若按形成过程分类则可分为一次污染物和二次污染物。一次污染物是指直接从污染源排放的污染物质，二次污染物则是由一次污染物经过化学反应或光化学反应形成的与一次污染物的物理化学性质完全不同的新的污染物，其毒性比一次污染物强。大气污染物既包括粉尘、烟、雾等小颗粒状的污染物，也包括二氧化硫、一氧化碳等气态污染物。

6.2.2　大气污染物的来源

（1）工业：工业生产是大气污染的一个重要来源。工业生产排放到大气中的污染物种类繁多，有烟尘、硫的氧化物、氮的氧化物、有机化合物、卤化物、碳化合物等。其中有的是烟尘，有的是气体。

（2）生活炉灶与采暖锅炉：城市中大量民用生活炉灶和采暖锅炉需要消耗大量煤炭，煤炭在燃烧过程中要释放大量的灰尘、二氧化硫、一氧化碳等有害物质污染大气。特别是在冬季采暖时，往往使污染地区烟雾弥漫，呛得人咳嗽，这也是一种不容忽视的污染源。

（3）交通运输：汽车、火车、飞机、轮船是当代的主要运输工具，它们烧煤或石油产生的废气也是重要的污染物。特别是城市中的汽车，量大而集中，汽车所排放的尾气污染物能直接侵袭人的呼吸器官，对城市的空气污染很严重，成为大城市空气的主要污染源之一。汽车排放的废气主要有一氧化碳、二氧化硫、氮氧化物和碳氢化合物等，前三种物质危害性很大。

（4）森林火灾产生的烟雾。

6.2.3　大气污染的危害

（1）危害人体：大气污染物对人体的危害是多方面的，主要表现是呼吸道疾病与生理机能障碍，以及眼鼻等黏膜组织受到刺激而患病，是造成老年哮喘的慢性因素，肺气不足导致体力下降。大气中污染物的浓度很高时，会造成急性污染中毒，或使病症恶化，甚至在几天内夺去几千人的生命。其实，即使大气中污染物浓度不高，但人体成年累月呼吸这种污染了的空气，也会引起慢性支气管炎、支气管哮喘、肺气肿及肺癌等疾病。空气污染会导致儿童肺部生长和功能下降、呼吸道感染和哮喘加重，还会导致成年人过早死于缺血性心脏病和中风。与气候变化一样，空气污染是影响人类健康的最大环境威胁之一，中低收入国家所受影响更为严重。

（2）对植物的危害：大气污染物，尤其是二氧化硫、氟化物等对植物的危害是十分严重的。当污染物浓度很高时，会对植物产生急性危害，使植物叶表面产生伤斑，或者直接使叶枯萎脱落；当污染物浓度不高时，会对植物产生慢性危害，使植物叶片褪绿，或者表面上看不见什么危害症状，但植物的生理机能已受到了影响，造成植物产量下降，品质变坏。

（3）影响气候：大气污染物对天气和气候的影响是十分显著的，可以从以下几个方面加以说明。

① 减少到达地面的太阳辐射量：从工厂、发电站、汽车、家庭取暖设备向大气中排放的大量烟尘微粒，使空气变得非常浑浊，遮挡了阳光，使得到达地面的太阳辐射量减少。据观测统计，在大工业城市烟雾不散的日子里，太阳光直接照射到地面的量比没有烟雾的日子减少近40%。大气污染严重的城市，天天如此，就会导致人和动植物因缺乏阳光而生长发育不好。

② 增加大气降水量：从大工业城市排出来的微粒，其中有很多具有水汽凝结核的作用。因此，当大气中有其他一些降水条件与之配合的时候，就会出现降水天气。在大工业城市的下风地区，降水量更多。

③ 下酸雨：有时候，从天空落下的雨水中含有硫酸。这种酸雨是大气中的污染物二氧化硫经过氧化形成硫酸，随自然界的降水下落形成的。硫酸雨能使大片森林和农作物毁坏，能使纸品、纺织品、皮革制品等腐蚀破碎，能使金属的防锈涂料变质而降低保护作用，还会腐蚀污染建筑物。

在大工业城市上空，由于有大量废热排放到空中，因此，近地面空气的温度比四周郊区要高一些。这种现象在气象学中称作"热岛效应"。经过研究，人们认为在有可能引起气候变化的各种大气污染物质中，二氧化碳具有重大的作用。从地球上无数烟囱和其他种种废气管道排放到大气中的大量二氧化碳，约有 50%留在大气里。二氧化碳能吸收来自地面的长波辐射，使近地面层空气温度增高，这叫作"温室效应"。经粗略估算，如果大气中二氧化碳含量增加25%，近地面气温可以增加 0.5～2℃。如果增加 100%，近地面温度可以增高1.5～6℃。有的专家认为，大气中的二氧化碳含量照 2000 年以后的速度增加下去，会使得南北极的冰融化加速，导致全球的气候异常。

6.3　光催化技术在环境污染物去除中的研究和应用

目前光催化技术已经在环境治理的许多方面得到了广泛的研究和应用，显示了极大应用前景。下面将选取光催化降解水体中的抗生素、降解空气中汽车尾气和自清洁玻璃三个应用场景进行阐述，以展示光催化在环境治理中的研究和应用情况。

6.3.1　光催化降解抗生素污染

1928 年，人类史上第一种抗生素青霉素的发明，开创了人类医疗史上的新纪元，将人类带入了一个全新的医疗时代。抗生素是一类主要由微生物（包括细菌、真菌、放线菌等）或高等动植物在生活过程中所产生的具有抗病原体或其他活性的次生代谢产物，能干扰其他细胞发育的化学物质。目前，常用的抗生素除了包括四环素类（如金霉素、土霉素）、大环内酯类（如罗红霉素、克拉霉素）、β-内酰胺类（如青霉素、头孢菌素）和氨基糖苷类（如链霉素、庆大霉素）等微生物培养液中提取的抗生素外，还包括喹诺酮类（如诺氟沙星、氧氟沙星）和磺胺类（如磺胺嘧啶、磺胺甲恶唑）等化学方法合成或半合成的药物。作为一类天然或人工合成的化合物，抗生素在疾病防治中发挥了巨大的作用，其主要通过影响微生物的代谢而起到杀死病菌细胞的作用，被广泛应用于人类和其他动物的病菌感染治疗中；此外，抗生素在养殖业中也被作为生长促进剂而广泛应用。然而由于抗生素的大量使用或滥用，加之生物体有限的代谢与生物降解能力，环境中的抗生素污染日趋严重，进一步威胁着生态系统与人类健康（见图 6-4）[148-150]。

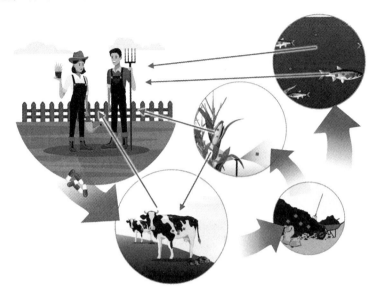

图 6-4　抗生素污染进入人体示意图

　　环境中的抗生素污染会对动植物的生命活动，尤其是微生物圈造成深远的影响。就生态系统本身而言，它能给整个生态系统各个营养级生物群落带来不利影响，尤其是作为微生物抑制剂，能对生态系统中微生物群落结构与功能带来显著不利影响，比如其对水体藻类能产生直接的毒性效应，并且改变环境中微生物参与的碳氮循环[151-153]；就人类健康而言，环境中的低剂量抗生素，还会诱导病原微生物产生耐药性，并且加速其增殖，这些病原菌一旦感染人体，将对人类疾病防治带来巨大的潜在危害外，抗生素对于人体本身来说也会产生直接的不利影响甚至毒性[145, 154-157]。人体一次性或者连续摄入抗生素的量超出了人体可以承受的最大范围，机体容易出现过敏、中毒，甚至引发昏迷休克，严重还可能致死；摄入大量的抗生素会破坏胃肠道中微生物群落的平衡；诱发一系列因菌群失调而产生的肠道疾病。因此，抗生素的污染问题逐渐成为世界各国科学家持续关注的重大环境问题，减少环境中的抗生素污染已成为各国政府与学界的共同关切。近几年来，抗生素污染的去除与修复技术也得到了较大的发展，多种抗生素污染去除技术如生物炭吸附、离子交换、光催化、生物修复等已经有深入的研究，在这些技术中，光催化技术展示了良好的前景，受到了广泛的关注。

光催化具有效率高、反应速度快、成本低、无二次污染等特点，基于光催化的高级氧化过程已被证明是一种有前途且高效的抗生素污染物降解方法。以 TiO$_2$ 为代表光催化剂最早被用于降解抗生素等有毒有机污染物，如左氧氟沙星、土霉素、四环素等[158-160]。当 TiO$_2$ 吸收能量时，它会激发产生具有高还原能力的电子和具有高氧化能力的空穴。电子-空穴对的生成会引发后续链式反应，并生成具有强氧化性的活性物质（如 H$_2$O$_2$、•OH、•O$_2^{2-}$ 等），实现对抗生素的降解[161, 162]。值得注意的是，TiO$_2$ 具有较宽的带隙，而且只能被紫外光所激发。因此，有限的光利用率和以及光激发电子-空穴对的快速湮灭降低了 TiO$_2$ 光催化活性。目前，提高 TiO$_2$ 光催化活性的方法主要包括原子/离子掺杂、加入光敏剂、半导体复合等[163-165]。

TiO$_2$ 的原子/离子掺杂的原理是将原子或离子引入光催化剂中，以缩小带隙并增强光吸收。常见的过渡金属离子掺杂可以替代 Ti 离子的位置，产生光生电子-空穴对的捕获阱，从而降低电子与空穴复合概率[166]。与金属离子掺杂相比，TiO$_2$ 的非金属掺杂能明显缩小带隙以更有效地利用入射光，因此该方法在增强催化剂的光催化活性方面更有效。经过原子/离子掺杂之后，多种抗生素的光催化降解明显提高，即使在可见光范围内也能表现出较高的光催化活性。

加入光敏剂是提高半导体在可见光中的光活性的另一种简单方法。以碳量子点（CQDs）、ZnSe 量子点、MoS$_2$ 为主导的量子点的添加也能增强半导体对光的吸收[167]。有学者合成了具有较好光催化性能的 TiO$_2$ 纳米管（CQD/TNTs）复合材料。研究结果表明，荧光纳米材料 CQD 具有上转化光致发光的能力，这使得将难以利用的红外长波转化为可利用的可见光，从而诱导 TiO$_2$ 上电子和空穴的产生[168, 169]。

近年来，基于碳纳米材料和 TiO$_2$ 纳米颗粒的复合材料的研究颇受关注。复合材料中的碳材料有助于电荷载流子的分离、运输和存储，以及扩大催化剂光吸收范围。M.AHMADI 等[170]利用多壁碳纳米管/TiO$_2$ 纳米复合材料在紫外光照射下催化降解四环素。研究表明，在多壁碳纳米管与 TiO_2 的比例为 1.5%、pH 为 5 和光催化剂剂量为 0.2 g/L 的情况下，该体系可以完全去除 10 mg/L 的四环素。此外，其他金属氧化物（如 ZnO、WO_3 等）、金属硫化物（如 CdS）、贵金属半导体（如 Ag_3O_4、BiOCl、$GdVO_4$、$SmVO_4$）、非金属半导体（$g-C_3N_4$）已被证明在有机物的光催化降解中是有效的[161]。

　　光催化氧化对抗生素的作用机制是利用半导体材料生成电子（e^-）和空穴（h^+）对部分抗生素进行直接氧化还原作用，或利用间接生成的高度活性的氧化剂（•OH、$•O_2^-$）对大部分抗生素进行直接强氧化作用。与生物降解过程相比，相对较少的空间需求和较低的维护费用使光催化技术成为抗生素废水处理的一种经济途径。然而，在实际废水处理中还应考虑环境因素和副产物毒性。因此，为了提高光催化降解抗生素的性能，以下几种因素值得考虑：（a）初始抗生素浓度；（b）使用的光催化剂及其负载；（c）光强度；（d）pH，以及（e）溶液中存在的有机物质。

6.3.2　光催化降解汽车尾气

　　随着中国经济的快速发展，私家车保有量的不断攀升，在给人们日常生活带来便利和惬意的同时，汽车尾气的大量排放也给自然生态环境带来了巨大的威胁，严重影响了居民的身体健康（如图 6-5）。汽车排放的尾气中含有多种有毒有害成分，主要有氮氧化物（NO_x）、碳氢化物（HC）和二氧化硫（SO_2），这几类污染物也是污染性最强和最难降解的，其次是颗粒物和挥发性有机物（VOC）。固然国内已经对私家车实行限行和限号等措施，但是只能一定限度减少排放，不能降解尾气中的污染物，治标不治本。TiO_2 光催化治理汽车尾气技术是近年来兴起的一种新型环保技术，该技术在降解汽车尾气，改善空气质量，保护环境方面具有积极的作用。

　　汽车尾气中的氮氧化物（NO_x）和二氧化硫（SO_2），会强烈刺激人体的呼吸道黏膜，导致人体的呼吸道免疫力下降和肺功能紊乱。大量医学研究表明，发动机排放出的颗粒物的表面携带有芳香族化合物及其衍生物以及多种重金属离子，这些有害物质会对人体的生殖系统、呼吸系统和免疫系统产生慢性中毒甚至癌变。对汽车排出的尾气进行净化处理的技术主要有非平衡等离子体处理技术，光催化技术，净化催化技术、三效催化技术等。TiO_2 光催化剂具有极高的氧化还原反应活性，能有效降解多种污染气体，它的发展可以有效地解决发动机废气中的 NO_x 和 SO_2 的污染问题，被称作 21 世纪最有前途的技术。

国内开始对光催化技术研究的时间较晚，21 世纪初，付贤智教授着手对光催化技术开展产学合作研究，与万利达集团组建院士工作站，并且在 2 年后，成功制造出中国第一台光催化净化器，自此光催化产业开始在我国迅猛发展起来。由于付贤智教授对我国光催化事业有着突出的贡献，并且填补了中国光催化技术在实际应用领域的空白，所以他被国人尊称为"中国光催化之父"。

目前国内外光催化净化汽车尾气的研究大致可以分为三类，其降解机理都是在光线照射下，利用纳米光催化剂的高活性，将汽车尾气降解为对大气无害的 CO_2 和 H_2O 等，如图 6-5 所示。

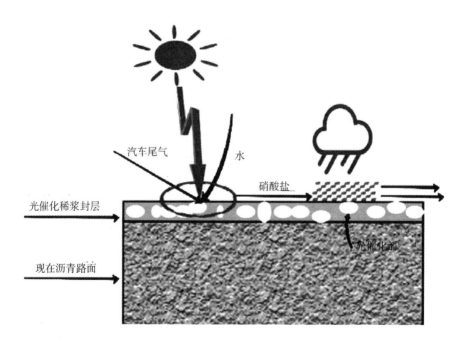

图 6-5　光催化降解汽车尾气原理示意图

第一类，纳米光催化水泥混凝土路面。即在水泥混凝土基体中复合纳米光催化材料，或将 TiO_2 光催化涂料喷涂在路面材料上。第二类，纳米光催化沥青路面。即利用改性法、喷洒法或拌合法，将纳米光催化剂负载到沥青路面上，以此研制环保型沥青路面材料。第三类，纳米光催化道路附属设施。即在路面设施（如护栏、标志牌、隔音板、水泥防护墙和隧道侧墙等）上涂覆纳米光催化材料制成的环保材料。

光催化技术和传统尾气治理技术相比，具有许多得天独厚的优势，显示了勃勃生机，但是，该技术在实际应用中仍然还存在许多缺点。一是光催化剂活性易受外界条件影响。光催化反应的一些产物或路表面上的油渍或者灰尘，他们会附着在纳米光催化剂表面，影响催化剂的光催化活性，降低光催化剂的降解效率。二是光催化的反应原理研究不够深入。由于纳米光催化剂特有的高催化活度，因此它能够无选择性地与多种物质反应，在该技术的实际应用过程中，很可能意料之外地生成某些有害副产物污染环境。三是研制纳米光催化剂的成本较高。四是催化反应产物对路面材料的侵蚀。经光催化技术降解的废气会产生硝酸根和硫酸根等物质，他们都是强酸的酸根离子，其对路面材料的侵蚀性更为强烈，所以会降低沥青路面和水泥混凝土路面的路面强度和耐久度。

6.3.3　光催化自清洁玻璃

随着对环境恶化给人类生活带来危害的认识及对环境保护要求的提高，人们对使用具有环保作用且利用自然条件达到自清洁作用，又能美化环境的绿色建筑材料的要求越来越迫切，而自清洁玻璃的出现，恰恰满足了人们这一美好愿望。自清洁玻璃能够利用阳光、空气、雨水、自动保持玻璃表面的清洁，并且玻璃表面所镀的 TiO_2 膜或其他半导体膜还能分解空气中的有机物，以净化空气，且催化空气中的氧气使之变为负氧离子，从而使空气变得清新，同时能杀灭玻璃表面的细菌和空气中的细菌。图 6-6 是具有自清洁玻璃和普通玻璃的对比图。自清洁玻璃不仅能净化本身，还能净化周围的环境，有着人们希望的理想功能。

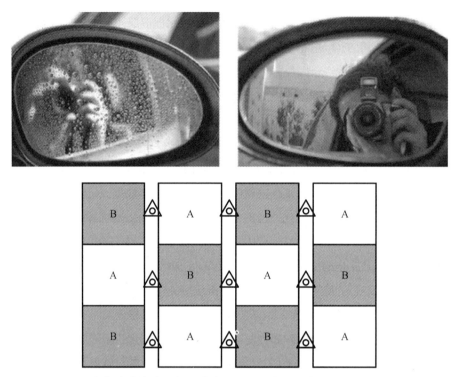

图 6-6　具有自清洁玻璃和普通玻璃的对比图（后视镜的左图是普通玻璃，
窗户的 B 区域是普通玻璃）

通常自清洁玻璃必须具有如下两种功能[171-173]：① 玻璃表面在自然条件下，即阳光、雨水和空气中具有超亲水性，使之在雨水或自来水的冲刷下，可带走玻璃表面的灰尘；② 玻璃表面在自然光照射下，具有自动清除油污功能，即玻璃本身具有光催化能力，可以分解吸附在玻璃表面的有机化合物，使之降解为 CO_2 和水，以便于被雨水或自来水冲走。目前，几乎所有的自清洁玻璃生产厂商和研究者都是从这两点出发去研究和检验玻璃是否具有自清洁功能的。自清洁涂层的优越性使玻璃更为经济实用，依靠自然雨水就可以清洗玻璃，达到了安全、无环境污染等目的。

在自清洁玻璃的技术指标中，自清洁玻璃的超亲水性和对有机物的降解功能是其最重要的技术指标。自清洁玻璃的超亲水性指玻璃表面能够强烈吸附水分子，使水滴在玻璃表面形成膜状，水滴与玻璃表面的接触角很小，一般小于

10°，此时，这种固体被认为具有亲水性。标准的自清洁玻璃的超亲水性指水接触角小于 5°。一般的普通玻璃，由于表面污染的原因，当水滴落在玻璃表面时会自动收缩，水会在玻璃表面形成具有一定接触角的水滴，紧密分布在玻璃表面，由于水珠对光的折射，常常使人们在下雨的情况下，无法通过玻璃看清前面的物体，所以汽车的挡风玻璃在下雨时需要雨刮器。而具有超亲水性的自清洁玻璃在水滴接触玻璃表面时马上分散开，当水滴多时则形成水膜连成一片，不会影响司机的视线，降低了雨天行驶的危险。另外，由于玻璃形成的水膜很薄，使水极易挥发，因此自清洁玻璃能够快速干燥，干燥后也不会在玻璃表面上留下水存在过的痕迹，即水渍，所以超亲水性是自清洁玻璃功能的一种重要体现。而普通玻璃在与水接触时，水滴收缩，形成水珠，不易干燥，并且水滴干燥后易于在玻璃表面留下痕迹，同时雨水中的灰尘也沉积留下，使玻璃看起来很脏，我们在生活中经常能看到这种现象。此外，玻璃表面的超亲水性还可以使玻璃表面无法牢固地吸附灰尘，再用水清洗时，不能牢固吸附在玻璃表面的灰尘易于被水清除去，从而保持了玻璃的清洁。

纳米自清洁玻璃的自清洁原理主要有以下几个步骤：

（1）阳光透射在玻璃窗户上或幕墙上；

（2）太阳光使自清洁玻璃表面产生光生电子-空穴；

（3）电子-空穴与空气中的 H_2O、O_2 进行光化学反应；

（4）化学作用将有机污染物分解；

（5）雨水覆盖整个表面；

（6）雨水将污染物洗刷（无机物灰尘和有机物降解后的小分子残片）；

（7）窗户或幕墙获得自洁净。

自清洁玻璃的最大优点是清洁容易，不需要像普通玻璃那样由于灰尘和油污牢固吸附在玻璃表面而难以除去，导致必须使用强力洗涤剂和外力，从而使玻璃的清洁工作难度加大。特别是在雨季，自清洁玻璃的优越性尤为突出，只需依靠自然雨水就可以冲刷掉落在玻璃表面的灰尘，有机物残片等，使玻璃光洁明亮，崭新如初，达到了人类梦寐以求的省时、省水、节约人力物力、安全的美好愿望。

1997 年人们发现了 TiO_2 的光诱导超亲水特性，将纳米 TiO_2 与传统的玻璃联系起来，在不损失玻璃原有性能的基础上，使其具有环境净化、抗菌、自清洁功能，从而将功能玻璃变成了环保玻璃、绿色玻璃，不但符合人民对更高生活质量的追求，也是 21 世纪玻璃发展的必然趋势。

6.3.4 日本自清洁玻璃研究进展和工业状况

日本是最早发现 TiO_2 具有光催化效果的国家，从 1972 年起，日本在利用 TiO_2 光催化方面做了许多工作，尤其是在 TiO_2 用于自清洁玻璃方面，日本的科学家更是投入了很大精力，而且日本也是最早开发生产自清洁玻璃的国家之一。1999 年，日本东京大学先进科学技术中心 T.Watanbe 等人制备了纳米 TiO_2 镀膜玻璃，并研究晶格与光引发超亲水性和光催化活性的关系[174, 175]。2004 年日本东京大学先进科学技术中心 T.Nuida 等[176]发表论文"使用紫外光陷阱效应强化光催化活性"，在该论文中，作者制备了以 Al 为底材的由 60 nm TiO_2/25 nm SiO_2/80 nm Al/玻璃等组成的多层镀膜玻璃样品，并对涂有光催化 TiO_2 膜的 Al 镜面进行研究，发现这种复合镜面的紫外光吸收效率是单独 TiO_2 膜的 1.7 倍，在可见光波长范围内，新设计的镜面还可以具有更高的反射光谱。通过在紫外光辐射下研究气相 2-丙醇的降解和光引发超亲水性，同时发现光催化效率和引发的超亲水速度也可以通过测定 TiO_2 吸收强度进行改进。

目前，日本能够生产自清洁玻璃的主要是旭硝子公司和东京康宁硅酸盐工业公司等，这些公司几乎都是用化学气相沉积法（CVD）生产 TiO_2 镀膜自清洁玻璃。旭硝子公司主要采用钇、锡和钛的氧化物混合，通过化学气相沉积法，即喷涂热解方法生产自清洁玻璃，但沉积膜中锐钛矿型 TiO_2 晶型的含量仍然极低，所以这种自清洁玻璃表面的自清洁效率较低，成本较高，市场销售规模极小，市场反馈效果一般。

随着人们对自清洁概念的认识提高，市场对自清洁产品的需求急剧增大，日本早在 2001 年光催化自清洁产品就已经成为了一个千亿日元的产业，自清洁的概念不仅应用在玻璃产品上，同时也应用于陶瓷和塑料产品。

6.3.5　英国自清洁玻璃研究进展和工业状况

英国自清洁玻璃的研究和制造主要以皮尔金顿（Pilkington）公司为主，早在 2001 年，皮尔金顿公司为了解决玻璃持久保持新鲜以及延长玻璃维护时间等问题，进行了相应的研究，并在北美的玻璃杂志上进行过介绍。其研究内容主要是解决玻璃表面的无机灰尘、有机灰尘如何清除、对于无机灰尘，其防护原理是利用超亲水性和超疏水性防止无机灰尘黏附于玻璃表面；而对于有机灰尘，其防护原理则是采用光催化分解达到清除的目的，同时，要求所制备的玻璃自清洁涂层是永久性的，自清洁涂层的有效期与玻璃寿命相同。目前皮尔金顿公司的自清洁玻璃产品已经在市场上推广，光诱导超亲水性和光催化能力都比较好，但是这种自清洁玻璃的透过率相对于溶胶-凝胶法来说还是比较低的。

通常，采用热解 CVD 方法将 TiO_2 沉积到洁净玻璃表面的沉积结果往往为三种 TiO_2 晶型共混存。研究结果表明，这种自清洁玻璃具有以下特点：① 可大面积得到均匀 TiO_2 膜；② 一旦工艺条件确定，产品的质量稳定；③ 但锐钛矿型 TiO_2 晶型的含量极低，仅仅具有很有限的超亲水和光催化功能，为弥补光催化效果低下的缺陷，CVD 方法往往通过增加膜厚度方式来提高膜性能；④ 这种方法生产的自清洁玻璃本身的透射率大大降低（约降低 10%），远远小于溶胶-凝胶法。因此该产品在市场上推广后，由于性能、价格和成本因素，市场反馈效果一般。

6.3.6　我国自清洁玻璃研究进展和工业状况

我国很早就开始关注自清洁玻璃的出现，早在 1995 年《国外建材科技》杂志和 1997 年 1 月《广东建材》杂志就报道了日本东京康宁硅酸盐工业公司可生产一种不沾灰的自清洁玻璃。从 1995 年起就有人开始研究自清洁玻璃的制备方法和技术，早期研究人员采用溶胶-凝胶法对有关自清洁玻璃的制备、表征、改性等进行了大量的研究，并有大量相关研究论文发表，他们分别研究和制备了纯 TiO_2，掺杂 SiO_2 的纳米 TiO_2 等自清洁膜的光催化性能和超亲水性能[177-180]。为了提升 TiO_2 自清洁膜的性能，后来一些学者对自清洁膜开展了掺杂金属离子的研究，结果表明掺杂离子电荷与半径比值越高，TiO_2膜的光催化活性越高。

从制备技术情况看，目前我国分别有中国科学院的中科纳米科技有限公司、格兰特（中山）工程玻璃有限公司、秦皇岛耀华玻璃股份公司、湖北三峡新材料公司和秦皇岛易鹏玻璃工程公司等拥有自清洁玻璃制备技术，除秦皇岛耀华玻璃集团采用在线 CVD 工艺外，其他几家几乎都采用溶胶-凝胶法工艺。但到目前为止，在国内真正具有自清洁玻璃生产线和能够批量生产并有自清洁玻璃产品出现在市场上的主要是格兰特（中山）工程玻璃有限公司、秦皇岛易鹏玻璃工程有限公司。

我国政府对光催化产品的研究和应用极为重视，国家纳米计划以及"863"计划都把纳米光催化列为重要研究项目。中科纳米公司、秦皇岛耀华玻璃集团、格兰特（中山）工程玻璃有限公司等都得到了国家和各级政府的大力支持，并通过各级权威机构论证，它们的自清洁玻璃产品、生产工艺都达到了国际先进水平。

随着科技的发展和人民生活水平的提高，环保与能源问题越来越引起人们的重视，目前已成为世界都在关注的热点问题。节能、节水是各个国家在追求工业利润同时第一关注的问题，而自清洁技术的出现为人们提供了达到节水、节能目的的途径。自清洁玻璃的出现正是适应了利用自然雨水冲刷达到自然清洁的方式，自清洁玻璃除了节约用水、节约人力、节约材料等优点之外，还可以减少人工操作所带来的危险，改善环境状态。

第 7 章　光催化技术在西藏生态环境
保护治理中的探究

青藏高原平均海拔 4 000 m 以上，是世界海拔最高的高原，被誉为"世界屋脊"，青藏高原东起秦岭山脉，西至帕米尔高原，南起喜马拉雅山脉，北至昆仑山、阿尔金山和祁连山北缘，总面积约 250 万平方千米，是我国最大的高原[181-185]。我国的西藏便位于青藏高原腹地。

7.1　青藏高原是我国重要生态安全屏障

青藏高原是我国的生态安全屏障。生态安全屏障是指一个区域生态系统（以植被生态系统为主）的生态结构与过程处于不受或少受破坏与威胁状态，形成由多层次、有序化生态系统组成的稳定格局，为人类生存与发展提供所需的物质生产与环境服务功能。生态安全屏障功能表现为对屏障区、周边地区和国家生态安全与可持续发展能力的保障。中央在召开第五次西藏工作座谈会时，确立西藏是重要的国家安全屏障和重要的生态安全屏障。

青藏高原所产生的热力和动力效应对东亚季风有重要影响，而东亚季风的移动和变化对我国和亚洲地区旱涝分布的气候格局和生态环境演变具有深刻影响，是亚洲乃至北半球气候变化的"启动器"和"调节器"[186-189]；青藏高原是我国以及亚洲最主要的水源地，我国的长江、黄河、澜沧江均发源于此，因此青藏高原有"中华水塔""亚洲水塔"之称，作为我国及亚洲重要的水源地，青藏高原对于中国长江与黄河中下游地区和东南亚区域生态环境安全具有重要而关键影响[190-192]；青藏高原内部地形复杂多样，根据青藏高原不同地区的地形地貌特点，可将其分为 6 个亚（高原）区，分别是藏北高原、藏南谷地、柴达木盆地、祁连山地、青海高原、川藏高山峡谷区，正是这种复杂多样的地形地貌和高原气候,使得青藏高原成为了世界上山地生物物种最主要的分化与形成中心,高寒生物种质库,青藏高原拥有所有陆地生态系统类型,其中许多类型以及独特的野生动植物种类是我国其他地区乃至世界上其他国家所没有的,因此青藏高原是全球重要的"生态源"[189, 193-196]。基于青藏高原特殊的地理位置、丰富的自然资源、重要的生态价值,使其毫无疑问成为了我国重要的生态安全屏障。根据西藏植被地带性差异、主导生态系统结构与功能相似性、地貌格局与地貌类型相似性、生态环境与经济社会条件组合特征相对一致性和流域完整性原则,西藏生态安全屏障由 3 个亚区组成,包括藏北高原和藏西山地以草甸—草原—荒漠生态系统为主体的屏障区、藏南及喜马拉雅中段以灌丛—草原生态系统为主体的屏障区、藏东南和藏东以森林生态系统为主体的屏障区[189]。

7.2　青藏高原生态环境脆弱敏感

青藏高原自然生态环境脆弱敏感。青藏高原平均海拔高,80%以上面积在海拔 4 000 m 以上,与同纬度地区相比气温显著偏低,空气含氧量低,紫外线辐射强烈;青藏高原除南部及东南部边缘区降水较多外,大多数区域降水量低于 200 mm,降水少,干旱特征明显[197, 198];青藏高原土壤发育历史短,仍处于新的成土过程中,地表物质迁移频繁,土壤发生层不稳定,成土母质以冰碛物、残积坡积物为主,具有成土层薄,层次简单,粗骨性强,抗蚀能力弱等特点;植被以高寒草甸、高寒草原为主,生态系统的自我修复能力差,近 50%的草原面临不同程度的退化威胁,且高寒草甸、高寒草原生态系统的自我修复能力差,存在边治理边退化、二次退化、鼠虫害反弹等现象。尤其是黑土滩和黑土坡仍广泛分布,仅西藏和青海的"黑土滩"型极重度退化草原面积就达1 100 万公顷,严重威胁草原生态的整体安全。

青藏高原森林生态系统占比较少,人工林树种单一,林木密度大,株间竞争激烈,生物多样性贫乏,低质低效林面积较大,部分地区人工防护林退化严重,极易发生松落针病、云杉落针病、云杉矮槲寄生害等病害,生态系统稳定性亟待提升而森林生态系统在涵养水源、调节气候等方面却发挥着不可替代的作用；青藏高原湿地生态系统和冰冻环境受气候变化影响较大，受气候变化影响，冰川雪山消融减退加速，冻土层解冻快速增加，湿地多分布在江河源区、高原绿洲等生态敏感地带，部分湿地生态系统面临剧烈变化或威胁，需持续实施积极的保护措施。冰川雪山消融减退趋势明显增加，冻土层解冻加速，导致边坡失稳、泥流和热喀斯特作用等冰缘地貌过程增强，一定程度上减弱了江河源头储存水源功能。青藏高原水土流失分布面积大、范围广、流失强度大，规划范围内沙化土地面积达 5 070 万公顷，荒漠生态系统依然脆弱。因风蚀、水蚀、冻融侵蚀交替作用，局部地区水土流失和荒漠化、沙化仍有扩展，加之治理难度大，对人民生产生活及基础设施安全造成直接影响。

青藏高原区内矿山资源丰富，废弃（废止）矿山中废弃采场、渣堆造成原始自然地形地貌景观破坏并损毁大量的土地资源。部分废弃矿山露采边坡存在崩塌、滑坡隐患，沿沟道堆放的弃渣有次生泥石流隐患，威胁矿山周边人民群众生命财产安全。总的来看，青藏高原具有海拔高、气温低、氧气稀薄、紫外线辐射强烈、降水少、生态系统结构简单、抗干扰能力弱和易受全球环境变化影响的特点，这些因素决定了高寒区生态系统的本底质差，对外部干扰响应敏感，很容易出现退化现象，因此青藏高原自然生态环境十分脆弱敏感。

7.3　保护治理青藏高原生态环境必要且意义重大

青藏高原是我国重要的生态安全屏障，在我国生态环境保护和修复工作中居于特殊重要地位。党中央、国务院历来对青藏高原生态保护和修复工作高度重视，特别是党的十八大以来，习近平总书记等中央领导同志站在保障中华民族永续发展的战略高度，多次就加强青藏高原生态保护和修复工作作出重要指示批示。2015 年 8 月，中央第六次西藏工作座谈会在北京召开，习近平总书记强调："要坚持生态保护第一，采取综合举措，加大对青藏高原空气污染源、土地荒漠化的控制和治理，加大草地、湿地、天然林保护力度"；2020 年 8 月，中央第七次西藏工作座谈会在北京召开，习近平总书记以"十个必须"全面阐释了新时代党的治藏方略，其中一个必须便是"必须坚持生态保护第一"，并指出："保护好青藏高原生态就是对中华民族生存和发展的最大贡献，要牢固树立绿水青山就是金山银山的理念，坚持对历史负责、对人民负责、对世界负责的态度，把生态文明建设摆在更加突出的位置，守护好高原的生灵草木、万水千山，把青藏高原打造成为全国乃至国际生态文明高地"。2021 年 7 月，在西藏和平解放 70 周年之际，习近平总书记来到西藏考察并看望慰问西藏各族干部职工，放期间再次强调"保护好青藏高原的生态环境，利在千秋，泽被天下"。

西藏自治区党委、政府一直以来都十分重视生态环境保护工作，颁布实施的《西藏自治区国家生态文明高地建设条例》，于 2021 年 5 月 1 日起施行，这是全区首部生态文明建设综合性地方法规，为生态文明高地建设打下了坚实的法治基础。自治区党委、政府还制定了《西藏自治区国家生态文明高地建设规划（2021—2035 年）》和《关于着力创建国家生态文明高地 努力做到生态文明建设走在全国前列的实施意见》，并在实际工作中深入贯彻落实，生态文明全民共建、共享、共乐的良好氛围逐渐形成，堆龙德庆区、曲水县、工布江达县获得第五批国家生态文明建设示范区命名，拉萨市达东村获得"绿水青山就是金山银山"实践创新基地命名，全区 5 个市地、11 个县（区）、91 个乡镇、879 个村（居）获得第一批西藏自治区生态文明建设示范区命名。

2021 年年底，党中央、国务院印发《关于深入打好污染防治攻坚战的意见》，对深入打好污染防治攻坚战进行全面部署。自治区高度重视，出台《西藏自治区人民政府关于深入打好污染防治攻坚战的实施意见》（以下简称"《实施意见》"），细化目标任务和工作措施。《实施意见》重点提出"七大标志性战役"，包括打好柴油车污染治理攻坚战、饮用水水源地保护攻坚战、江河源保护攻坚战、重点流域综合治理攻坚战、农业农村污染治理攻坚战、白色污染治理攻坚战、环境基础设施提质增效攻坚战。

按照《实施意见》，自治区生态环境厅深入实施柴油货车污染治理攻坚战，持续推进非道路移动机械管理。落实专项资金 3 900 万元，实施大气污染防治及能力建设项目，建立自治区及 7 市（地）机动车管理信息平台。完成 74 个县（区）声环境功能区划分。深入开展入河排污口治理，全区 656 个入河排污口已完成整治 202 个。同时，持续巩固饮用水安全，对县级以上饮用水水源保护区进行动态管理、强化规范建设，划定 201 个农村饮用水水源保护区，城镇集中式饮用水水源地水质达标率 100%。加强污水处理设施规范化运营管理，县城及以上城镇污水处理率 78.06%。

完成农用地土壤污染状况详查和重点行业企业用地土壤污染状况调查，并组织行政验收，135 家土壤污染重点监管单位开展土壤污染隐患排查整治。全区受污染耕地安全利用率 90% 以上，畜禽养殖粪污资源化利用率 92%，主要农作物化肥农药利用率 41%，秸秆综合利用率 95% 以上，27 个农村生活污水处理试点项目建成试运行。规范生活垃圾无害化处理设施管理，县级以上城镇生活垃圾无害化处理率提升至 97.34%。

创新打造西藏江河源保护品牌，全面加强以 33 条重要河流为主的江河源系统保护，着力提升"亚洲水塔"生态功能与服务价值。持续推进拉萨市、山南市山水林田湖草生态保护修复工程，累计落实资金 62.09 亿元。落实中央水污染防治资金 7.07 亿元，实施拉萨河、年楚河、哲古湖等水生态环境保护项目。开展 2015—2020 年生态状况变化遥感调查评估和自治区级自然保护区管理成效评估试点。加强自然保护地监管，推进三江源（唐北区域）国家公园建设，生态环境监管"53111"工作架构基本形成。深入开展"绿盾 2021"自然保护地强化监督工作，核查人类活动点位 3 488 个，年度问题"增量"、历年问题"存量"持续递减，整改完成率 94%。落实重点生态功能区转移支付资金 31.39 亿元，安排生态岗位 46.62 万个，绿水青山守护者有了更多获得感。

出台生态环境保护督察工作实施细则，开展跟踪督察 41 次，中央督察 45 项整改任务完成 42 项，自治区本级督察 654 项整改任务完成 632 项。稳步推进"十四五"生态环境监测网络建设规划项目实施，自治区生态环境监测中心实现地表水 109 项全分析项目突破，7 市（地）生态环境监测中心基本具备自主监测能力，跨县域设立生态环境监测机构 22 个，完成 194 个区控地表水、130 个饮用水水源地、84 个环境空气质量监测网络布点和监测。首次对格拉丹东长江源开展系统"体检"，填补了该区域生态环境监测空白。持续开展川藏铁路沿线、珠峰绒布河等典型区域环境监测，落实常规监测任务，获得各类监测数据 10 万组，提升了环境监测预报预警分析能力。生态环境综合执法队伍运用移动执法等手段，查处环境违法案件 257 件，罚款 3 183 万元，移送公安机关 3 起、查封扣押 12 起、限产停产 5 起。强化环境应急管理，552 件环境信访全部办结。持续开展核与辐射安全隐患排查、危险废物专项整治、打击监测数据造假等专项行动，环境执法"大练兵"翻身仗成效初显。《2021 年西藏自治区生态环境状况公报》显示，2021 年，全区生态环境质量状况总体保持稳定，西藏仍然是世界上生态环境质量最好的地区之一。截至 2021 年年底，全区已建立各类自然保护区 47 个，占全区国土面积的 34.35%。全区现有森林 1 491 万公顷，森林覆盖率 12.31%。西藏已记录的野生植物有 9 600 多种，其中，国家级重点保护野生植物 152 种。动物种类极为丰富，被列入《濒危野生动植物种国际贸易公约》附录的动物种有 162 种。

7.4 西藏水污染

改革开放以来，在中央关心全国支援下，西藏经济社会发生了翻天覆地的变化，根据西藏官方发布的《党的十八大以来西藏经济社会发展和民生改善》《历年西藏自治区国民经济和社会发展统计公报》等报告上的数据表明，西藏经济总量已从 2000 年的不足 100 亿快速增加到当前的 2 000 多亿元，增加了近 20 倍；人口也快速增加，常住人口从新中国成立初期的 115 万人，增长至 360 余万人，翻了 3 倍多。经济发展促进了工农业、畜牧业的快速发展，2017 年，西藏粮食产量达到 105.13 万吨，比 1978 年增长 104.8%，猪牛羊肉产量 30.03 万吨，比 1978 年增长 5.4 倍，农林牧渔业总产值增加到 178.16 亿元，比 1978 年增长 4.0 倍，奶产量 42.27 万吨，比 1978 年增长 3.5 倍；2017 年西藏工业增加值突破 100 亿元，按可比价计算，比 1978 年增长了 26.7 倍，啤酒饮料、藏药、食品、建材等特色优势产业迅猛发展；2017 年西藏采矿业产值达 55.52 亿元，比 1995 年增长 31.5 倍，有色金属矿采选业产值达 51.86 亿元，比 1995 年增长 244.9 倍；城乡居民生活水平和质量明显改善，2017 年居民人均消费水平达到 10 320 元，比 1980 年的 276 元提高了 36.4 倍。

　　经济社会的发展，人口的增加，在推动西藏农业、工业、畜牧养殖业体量快速增加的同时，也带来了大量的工业污水、农药污染、畜牧养殖业污水和生活污水，这些污染物给西藏的水生生态安全带来了巨大威胁，需要及时治理，以保护西藏的万水千山，保护国家的生态安全屏障。为了应对水污染，西藏自治区政府制定并印发了《西藏自治区水污染防治行动计划工作方案》（以下简称《方案》）。《方案》对西藏自治区水污染防治提出了总体要求：以科学发展观为指导，大力推进生态文明建设，以保持和改善水环境质量为核心，加大水污染治理和水土流失防治力度，树立优良的生态环境是优势、绿水青山是金山银山的理念。严守生态安全底线、红线和高压线，按照"生态保护第一、预防为主、节水优先、空间均衡、系统治理"原则，系统推进水生态保护、水资源管理和水污染防治。坚持全面依法推进，实行最严格环保制度；坚持落实各方责任，严格考核问责；坚持全民参与，推动节水洁水人人有责，努力构建青藏高原国家生态安全屏障。《方案》对西藏自治区水污染防治还提出了工作目标：全区水环境质量持续保持优良。到 2020 年，全区涉及西南诸河、西北诸河的河流、湖泊等地表水和地下水环境质量满足相应水域功能区要求，主要城镇无黑臭水体。主要江河湖泊流域生态系统及湿地生态系统得到保护，林草植被有所增加。主要城镇集中式饮用水水源地水质达标率达到 100%，拉萨市建成区城镇生活污水集中处理率达到 90% 以上、其余地（市）行署（人民政府）所在地城镇生活污水集中处理率达到 85% 以上，县城和涉及旅游、边境口岸的重点镇因地制宜地开展生活污水处理工作。节水指标和主要污染物排放总量达到国家要求。到 2030 年，全区地表水、地下水质量均保持稳定，城乡集中式饮用水水源水质达标率为 100%。主要江河湖泊流域生态系统及湿地生态系统进一步改善，水土流失得到有效治理。到 21 世纪中叶，水环境质量持续良好，流域生态系统走向良性循环。为系统推进水生态保护、水资源管理和水污染防治。《方案》确定了十个方面的行动计划：着力节约保护水资源，严格环境执法监管，切实加强水环境管理，全力保障水生态环境安全，全面控制污染物排放，推动经济结构转型升级，强化科技支撑，充分发挥市场机制作用，明确和落实各方责任，强化公众参与和社会监督。其中在强化科技支撑部分，专门提到要研发前瞻技术，具体内容为：加快研发我区适用的工业废水、生活污水的处理技术，加快重点行业废水、城镇生活污水的深度处理等技术研究。开展水污染对人体健康影响、水环境损害评估、天然饮用水水源地保护、水质良好湖泊的保护、水环境容量评估等研究。加强高原水生态保护、水土流失治理、退化湿地治理、农业面源污染防治、水环境监控预警、水处理工艺技术装备等领域的区内外和国际交流合作。因此作为西藏的科研工作者应该积极参与西藏的生态环境治理和保护的大事业中来，积极将新型的环境治理技术引进到西藏的环境治理中来。

7.5 青藏高原具有丰富的太阳辐射资源

太阳辐射通常指太阳以电磁波的形式辐射到地球的能量。太阳向地球辐射的电池波根据波长可以分为紫外光（波长小于 400 nm）、可见光（波长介于 400～780 nm）、红外光（波长大于 780 nm）[199-201]。太阳辐射需要经过大气层才能到达地面，太阳辐射在通过大气层时，一部分能够直接到达地面，称为直接太阳辐射，另一部分会被大气中的大气分子、尘埃、水蒸气等吸收、反射、散射，被散射的太阳辐射仍有部分会到达地面，称为散射太阳辐射。直接太阳辐射和散射太阳辐射合起来就是太阳总辐射，这就是我们通常所说的太阳辐射。

地球上不同的区域太阳总辐射差异巨大，太阳总辐射主要受纬度、天气、海拔和日照时长影响。纬度低，太阳辐射方向越倾向于垂直穿过大气层，在大气层中穿越的路程短，被大气层削弱少，能够到达地面的太阳辐射就多；晴朗少云的天气太阳辐射到达地面的多，阴雨天，太阳辐射能够到达地面的就少，因此一个地区全年晴天越多，天气状况越好，太阳总辐射越强；海拔越高，空气越稀薄，且往往比较洁净，透光度好，因此太阳总辐射也就越强；日照时间越长，很明显太阳总辐射就会越强。

由于青藏高原位于中纬度地区，平均海拔高，空气洁净，且全年日照天数多，日照时长大，使得青藏高原成为了我国太阳能资源极度丰富地区，高值地区年均辐射量超过 8 000 MJ/m^2[202, 203]。另外由于青藏高原所具备的上述特点，且受臭氧层减薄和夏季臭氧低谷影响，使得青藏高原同时成为了我国紫外线辐射最为强烈地区，这说明青藏高原独特的地理和气候环境特征使得该地区太阳辐射不仅丰富，且辐射中高能的短波辐射占据了较大的比例[204-206]。

7.6　光催化降解技术是解决青藏高原水体污染的理想途径

自 1977 年 Frank 等实现用光催化降解联苯和氧化联苯以来，光催化技术在生态环境治理方面的研究和应用引起了人们的广泛关注，成为了研究的热点，大量的光催化剂被研究开发出来，许多国家正在尝试将光催化降解技术应用于解决水、空气污染等日益严峻的生态环境问题。西班牙环境与能源研究中心采用光催化技术建造了欧洲第一台年处理能力达 1 000 m^3 废水处理装置，用以处理含有有机污染物的树脂厂废水；日本将光催化剂镀在高速公路隧道照明灯上，用于解决汽车尾气对照明灯表面的污染问题，从而保持隧道照明能长久保持明亮；美国将光催化技术应用于空气净化、建筑材料表面等领域，也取得了很好的效果。总之，光催化技术作为一种新兴的绿色污染物治理技术，正得到广泛的关注和研究，在生态环境治理领域展示了广泛应用前景和巨大经济社会效益。

光催化技术是一种新兴环境污染治理技术，因其反应条件温和、二次污染小、可持续、环境友好等优点，被认为是当前最具发展潜力的环境净化技术之一[207-210]。光催化需要利用良好的光照来实现污染物降解，而西藏正是中国乃至世界上太阳辐射最强烈的地区之一，太阳能资源极其丰富。西藏地区全年平均日照时数在 3 000 小时左右，年平均总辐射量在 6 000 ~ 7 000MJ/m^2，是我国东部沿海地区的 1.5 ~ 2 倍，每天日照时数大于 6 小时的年平均天数达 275 ~ 330 天；全年太阳直接辐射占总辐射的比例为 56% ~ 78%，夏季可达 71% ~ 88%[211-214]。因此，将光催化技术应用于西藏生态环境保护及治理将会是非常理想的选择。

参考文献

［1］ AKIRA F, KENICHI H. Electrochemical Photolysis of Water at a Semiconductor Electrode[J]. Nature, 1972, 238(5358): 37-38.

［2］ CAREY J H, LAWRENCE J, Tosine H M. Photodechlorination of PCB's in the presence of titanium dioxide in aqueous suspensions[J]. Bulletin of Environmental Contamination and Toxicology, 1976, 16（6）: 697-701.

［3］ HALMANN M, Photoelectrochemical reduction of aqueous carbon dioxide on p-type gallium phosphide in liquid junction solar cells[J]. Nature, 1978, 275(5676): 115-116.

［4］ 黄宇，刘燕，张静，等. 光催化薄膜的亲水性及其应用[J]. 地球环境学报，2018, 9（5）: 415-433.

［5］ WANG B, ZHAO M, ZHOU Y, et al. Recent progress and challenge in research of photocatalytic reduction of CO_2 to solar fuels[J]. SCIENTIA SINICA Technologica, 2017, 47(3): 286-296.

［6］ SINGH G，LAKHI K S, SIL S, et al. Biomass derived porous carbon for CO_2 capture[J]. Carbon, 2019, 148(164-186).

［7］ OSCHATZ M, ANTONIETTI M. A search for selectivity to enable CO_2 capture with porous adsorbents[J]. Energy & Environmental Science, 2018, 11(1): 57-70.

［8］ TENNAKONE K, SENADEERA S, PRIYADHARSHANA A. TiO_2 catalysed photo-oxidation of water in the presence of methylene blue[J]. Solar Energy Materials and Solar Cells, 1993, 29(2): 109-113.

［9］ YU Q, DAI Y, LING Y, et al. Z-scheme heterojunction WO_3/BiOBr supported-single Fe atom for ciprofloxacin degradation via visible-light photocatalysis[J]. Journal of Environmental Chemical Engineering, 2022, 10(6).

[10] ZHANG X, TONG S, HUANG D, et al. Recent advances of Zr based metal organic frameworks photocatalysis: Energy production and environmental remediation[J]. Coordination Chemistry Reviews, 2021, 448.

[11] ISMAEL MOHAMMED. Structure, properties, and characterization of mullite-type materials $Bi_2M_4O_9$ and their applications in photocatalysis: A review[J]. Journal of Environmental Chemical Engineering, 2022, 10(6).

[12] IKRAM M, RASHID M, HAIDER A, et al. A review of photocatalytic characterization, and environmental cleaning, of metal oxide nanostructured materials[J]. Sustainable Materials and Technologies, 2021, 30.

[13] SUSMAN M D, PHAM H N, ZHAO X, et al. Synthesis of NiO Crystals Exposing Stable High-Index Facets[J]. Angew Chem Int Ed Engl, 2020, 59(35): 15119-15123.

[14] ALI T, TRIPATHI P, AZAM AMEER, et al. Photocatalytic performance of Fe-doped TiO2nanoparticles under visible-light irradiation[J]. Materials Research Express, 2017, 4(1).

[15] KHAN H, SWATI I K. Fe^{3+}-doped Anatase TiO_2 with d–d Transition, Oxygen Vacancies and Ti^{3+} Centers: Synthesis, Characterization, UV–vis Photocatalytic and Mechanistic Studies[J]. Industrial & Engineering Chemistry Research, 2016，55(23): 6619-6633.

[16] 王竞，郭玉，王止诺，等. Fe 掺杂 TiO_2 纳米粉体制备及光催化性能研究[J]. 大连交通大学学报，2021，42（2）：92-97.

[17] 孙庆宏，董红英，陈晓东，等. Fe 掺杂 TiO_2 纳米材料的合成及光催化性能[J]. 稀有金属材料与工程，2020，49（2）：669-674.

[18] 刘龙双，唐先进，陈胡星. Fe 掺杂 ZnO/TiO_2 光催化性能[J]. 材料科学与工程学报，2022，40（2）：233-238.

[19] MURAKAMI E, MIZOGUCHI R, YOSHIDA Y, et al. Multiple strong field ionization of metallocenes: Applicability of ADK rates to the production of multiply charged transition metal (Cr, Fe, Ni, Ru, Os)cations[J]. Journal of

Photochemistry and Photobiology A: Chemistry, 2019, 369(16-24).

[20] ELAHIFARD MOHAMMAD REZA, AHMADVAND SEYEDSAEID, MIRZANEJAD AMIR. Effects of Ni-doping on the photo-catalytic activity of TiO2 anatase and rutile: Simulation and experiment[J]. Materials Science in Semiconductor Processing, 2018, 84: 10-16.

[21] WENG K, HAN S. Photocatalytic performance of $TiVO_x/TiO_2$ thin films prepared by bipolar pulsed magnetron sputter deposition[J]. Journal of Vacuum Science & Technology B, Nanotechnology and Microelectronics: Materials, Processing, Measurement, and Phenomena, 2017, 35(4).

[22] SHAO G N, IMRAN S M, JEON S J, et al. Sol–gel synthesis of vanadium doped titania: Effect of the synthetic routes and investigation of their photocatalytic properties in the presence of natural sunlight[J]. Applied Surface Science, 2015, 351: 1213-1223.

[23] 任庆云，王松涛，李汶静，等. Zr 掺杂 TiO_2 纳米粒子的合成及光催化性能研究[J]. 功能材料，2021，52(11)：11164-11168.

[24] GUO Q, ZHOU C, MA Z, et al. Fundamentals of TiO2 Photocatalysis: Concepts, Mechanisms, and Challenges[J]. Adv Mater, 2019, 31(50): e1901997.

[25] 张丽娟，徐来，毕佳敏，等. 过渡金属掺杂 TiO_2 纳米片的制备及其增强光催化性能研究[J]. 浙江师范大学学报，2022.

[26] 李孝通，王竟，郭玉，等. 金属和非金属掺杂二氧化钛纳米粒子的制备及应用研究进展[J]. 中国陶瓷工业，2020，27（1）：30-34.

[27] CHEN J, QIU F, XU W, et al. Recent progress in enhancing photocatalytic efficiency of TiO_2 -based materials[J]. Applied Catalysis A: General, 2015, 495: 31-140.

[28] MAI NGUYEN THI TUYET, NGA NGUYEN KIM, HUE DANG THI MINH, et al. Characterization of Co^{2+}- and Fe^{3+}-Codoped TiO_2 Nanomaterials for Photocatalytic Degradation of Organic Pollutants under Visible Light Irradiation[J]. Adsorption Science & Technology, 2021, 2021: 1-12.

[29] MANCUSO A, SACCO O, VAIANO V, et al. Visible light active Fe-Pr co-doped TiO_2 for water pollutants degradation[J]. Catalysis Today, 2021, 380: 93-104.

[30] MANIKANDAN K, KESAVAN M P, THIRUGNANASUNDAR A, et al. Facile synthesis and characterization of W-doped TiO_2 nanoparticles: Promising anticancer activity with high selectivity[J]. Inorganic Chemistry Communications, 2021, 132.

[31] RIAZ S, PARK S. An overview of TiO_2-based photocatalytic membrane reactors for water and wastewater treatments[J]. Journal of Industrial and Engineering Chemistry, 2020, 84: 23-41.

[32] NIU X, LI S, CHU H, et al. Preparation, characterization of Y^{3+}-doped TiO_2 nanoparticles and their photocatalytic activities for methyl orange degradation[J]. Journal of Rare Earths, 2011, 29(3): 225-229.

[33] AHMAD A L, OTITOJU T A, OOI B S. Optimization of a high performance 3-aminopropyltriethoxysilane-silica impregnated polyethersulfone membrane using response surface methodology for ultrafiltration of synthetic oil-water emulsion[J]. Journal of the Taiwan Institute of Chemical Engineers, 2018, 93: 461-476.

[34] 董倩茹, 韩冰, 冯威, 等. Y^{3+}掺杂 TiO_2 柱撑膨润土光催化氧化甲基橙的降解过程[J]. 吉林大学学报, 2020, 58（3）: 725-732.

[35] LOPES J N L, FILHO J C S, MESSIAS D N, et al. Nd^{3+}-doped TiO_2 nanocrystals: Structural changes, excited-state dynamics, and luminescence defects[J]. Journal of Luminescence, 2021, 240.

[36] SAQIB N U, ADNAN R, SHAH I. A mini-review on rare earth metal-doped TiO_2 for photocatalytic remediation of wastewater[J]. Environ Sci Pollut Res Int, 2016, 23(16): 15941-15951.

[37] YAN J, RONG X, GU X, et al. Phase Composition and Photocatalytic Properties of La3+Doped TiO_2 Nanopowders[J]. Rare Metal Materials and

149

Engineering, 2020, 49(2): 0465-0475.

[38]　姚兴旺，肖林久. 铁掺杂改性二氧化钛的制备及其光催化处理废水[J]. 沈阳化工大学学报，2021，35（1）：6-10.

[39]　陈霞，陆改玲，计晶晶，等. 稀土元素（镧、铈）掺杂 TiO_2 复合材料的制备及其光催化性和抑菌性的研究[J]. 人工晶体学报，2020，49（1）：62-66.

[40]　殷榕灿，崔玉民，李梦蝶. 稀土元素修饰改性 TiO_2 光催化性能研究进展[J]. 稀土，2021，42（1）：129-139.

[41]　钟琦，王彬彬，黄紫彬，等. 稀土掺杂纳米 TiO_2 的研究进展[J]. 中国稀土学报，2016，34（4）：385-395.

[42]　JIANG D, OTITOJU T A, OUYANG Y, et al. A Review on Metal Ions Modified TiO2 for Photocatalytic Degradation of Organic Pollutants[J]. Catalysts, 2021, 11(9).

[43]　MITTAL A, MARI B, SHARMA S, et al. Non-metal modified TiO_2: a step towards visible light photocatalysis[J]. Journal of Materials Science: Materials in Electronics, 2019, 30(4): 3186-3207.

[44]　DU S, LIAN J, ZHANG F. Visible Light-Responsive N-Doped TiO_2 Photocatalysis: Synthesis, Characterizations, and Applications[J]. Transactions of Tianjin University, 2021, 28(1): 33-52.

[45]　ZANGENEH H, MOUSAVI S A, ESKANDARI P. Comparison the visible photocatalytic activity and kinetic performance of amino acids (non-metal doped) TiO_2 for degradation of colored wastewater effluent[J]. Materials Science in Semiconductor Processing, 2022, 140.

[46]　DELGADO-DÍAZ D, HERNÁNDEZ-RAMÍREZ A, GUZMÁN-MAR J L, et al. N-S co-doped TiO_2 synthesized by microwave precipitation method: Effective photocatalytic performance for the removal of organoarsenic compounds[J]. Journal of Environmental Chemical Engineering, 2021, 9(6).

[47]　王冠宇，郭卫杰，刘迪，等. 非金属（C、N、S、P）掺对锐钛矿 TiO_2

性质影响的第一性原理研究[J]. 矿业科学学报，2020，5（5）：584-591.

[48] LI W, LIANG R, ZHOU N Y, et al. Carbon Black-Doped Anatase TiO_2 Nanorods for Solar Light-Induced Photocatalytic Degradation of Methylene Blue[J]. ACS Omega, 2020, 5(17): 10042-10051.

[49] BONINGARI T, INTURI S N R, SUIDAN M, et al. Novel one-step synthesis of nitrogen-doped TiO_2 by flame aerosol technique for visible-light photocatalysis: Effect of synthesis parameters and secondary nitrogen (N) source[J]. Chemical Engineering Journal, 2018, 350: 324-334.

[50] WANG W, TADÉ M O, SHAO Z. Nitrogen-doped simple and complex oxides for photocatalysis: A review[J]. Progress in Materials Science, 2018, 92: 33-63.

[51] MARQUES J, GOMES T D, FORTE M A, et al. A new route for the synthesis of highly-active N-doped TiO_2 nanoparticles for visible light photocatalysis using urea as nitrogen precursor[J]. Catalysis Today, 2019, 326(36-45).

[52] 刘方园，徐鲁艺，修阳，等. 非金属元素掺杂纳米二氧化钛[J]. 化学通报，2021，84（2）：108-148.

[53] 刘文磊，张金辉，崔爽，等. P掺杂TiO_2的制备及光催化性能的研究[J]. 石油化工高等专科学校学报，2012，25（3）：22 30.

[54] LIU Y, CHEN X. Black Titanium Dioxide for Photocatalysis, Semiconductors for Photocatalysis2017, pp. 393-428.

[55] RAJARAMAN T S, PARIKH S P, GANDHI V G. Black TiO_2: A review of its properties and conflicting trends[J]. Chemical Engineering Journal, 2020, 389.

[56] LIU Y, TIAN L TAN X, et al. Synthesis, properties, and applications of black titanium dioxide nanomaterials[J]. Science Bulletin, 2017, 62(6): 431-441.

[57] SINHAMAHAPATRA A, JEON J, YU J. A new approach to prepare highly

active and stable black titania for visible light-assisted hydrogen production[J]. Energy & Environmental Science, 2015, 8(12): 3539-3544.

[58] WANG X, FU R, YIN Q, et al. Black TiO_2 synthesized via magnesiothermic reduction for enhanced photocatalytic activity[J]. Journal of Nanoparticle Research, 2018, 20(4).

[59] CHEN X, ZHAO D, LIU K, et al. Laser-Modified Black Titanium Oxide Nanospheres and Their Photocatalytic Activities under Visible Light[J]. ACS Appl Mater Interfaces, 2015, 7(29): 16070-16077.

[60] LI S, QIU J, LING M, et al. Photoelectrochemical characterization of hydrogenated TiO_2 nanotubes as photoanodes for sensing applications[J]. ACS Appl Mater Interfaces, 2013, 5(21): 11129-11135.

[61] LI G, LIAN ZI, LI X, et al. Ionothermal synthesis of black Ti^{3+}-doped single-crystal TiO_2 as an active photocatalyst for pollutant degradation and H2 generation[J]. Journal of Materials Chemistry A, 2015, 3(7): 3748-3756.

[62] ULLATTIL S G, NARENDRANATH S B, PILLAI S C, et al. Black TiO_2 Nanomaterials: A Review of Recent Advances[J]. Chemical Engineering Journal, 2018, 343: 708-736.

[63] WANG C C, CHOU P H. Effects of various hydrogenated treatments on formation and photocatalytic activity of black TiO_2 nanowire arrays[J]. Nanotechnology, 2016, 27(32): 325401.

[64] YAN X, TIAN L, TAN X, et al. Modifying oxide nanomaterials' properties by hydrogenation[J]. MRS Communications, 2016, 6(3): 192-203.

[65] SU T, YANG Y, NA Y, et al. An insight into the role of oxygen vacancy in hydrogenated TiO(2) nanocrystals in the performance of dye-sensitized solar cells[J]. ACS Appl Mater Interfaces, 2015, 7(6): 3754-3763.

[66] TENG F, LI M, GAO C, et al. Preparation of black TiO_2 by hydrogen plasma assisted chemical vapor deposition and its photocatalytic activity[J]. Applied Catalysis B: Environmental, 2014, 148-149: 339-343.

[67] LI W, OUYANG L, TANG Y, et al. Mesoporous black TiO_2 phase junction@Ni nanosheets: A highly integrated photocatalyst system[J]. Journal of the Taiwan Institute of Chemical Engineers, 2020, 114: 284-290.

[68] PLODINEC M, GRČIĆ I, WILLINGER M G, et al. Black TiO_2 nanotube arrays decorated with Ag nanoparticles for enhanced visible-light photocatalytic oxidation of salicylic acid[J]. Journal of Alloys and Compounds, 2019, 776: 883-896.

[69] PAN J, DONG Z, WANG B, et al. The enhancement of photocatalytic hydrogen production via $Ti3^+$ self-doping black $TiO_2/g\text{-}C_3N_4$ hollow core-shell nano-heterojunction[J]. Applied Catalysis B: Environmental, 2019, 242: 92-99.

[70] KANG S, LI S, PU T, et al. Mesoporous black TiO_2 array employing sputtered Au cocatalyst exhibiting efficient charge separation and high H_2 evolution activity[J]. International Journal of Hydrogen Energy, 2018, 43(49): 22265-22272.

[71] ZHANG Z, JING W, TAN X, et al. High-efficiency photocatalytic performance of Cr–$SrTiO_3$-modified black TiO_2 nanotube arrays[J]. Journal of Materials Science, 2018, 53(8): 6170-6182.

[72] LINIC S, CHRISTOPHER P, INGRAM D B. Plasmonic-metal nanostructures for efficient conversion of solar to chemical energy[J]. Nature Materials, 2011, 10(12): 911-921.

[73] LONG R, MAO K, GONG M, et al. Tunable oxygen activation for catalytic organic oxidation: Schottky junction versus plasmonic effects[J]. Angew Chem Int Ed Engl, 2014, 53(12): 3205-3209.

[74] KUMAR P V, NORRIS D J. Tailoring Energy Transfer from Hot Electrons to Adsorbate Vibrations for Plasmon-Enhanced Catalysis[J]. ACS Catalysis, 2017, 7(12): 8343-8350.

[75] HUANG H, ZHANG L, LV Z, et al. Unraveling Surface Plasmon Decay in

Core-Shell Nanostructures toward Broadband Light-Driven Catalytic Organic Synthesis[J]. J Am Chem Soc, 2016, 138(21): 6822-6828.

[76]　DAO D V, LE T D, ADILBISH G, et al. Pt-loaded Au@CeO$_2$ core–shell nanocatalysts for improving methanol oxidation reaction activity[J]. Journal of Materials Chemistry A, 2019, 7(47): 26996-27006.

[77]　李亚鹏, 李颖峰, 贺志荣, 等. 金属与半导体肖特基接触势垒模型及其载流子传输机制的研究进展[J]. 材料导报, 2017, 31（2）: 57-62.

[78]　郝瑞鹏, 杨鹏举, 王志坚, 等. 贵金属负载 TiO$_2$ 对光催化还原 CO$_2$ 选择性的影响[J]. 燃料化学学报, 2015, 43（1）: 94-99.

[79]　李玥, 宋育泽, 邵浦华, 等. 三维 Ag/TiO$_2$ 纳米网的制备及其光催化性能研究[J]. 电镀与精饰, 2018, 40（6）: 1-5.

[80]　AN H, WANG H, HUANG J, et al. TiO$_2$ nanosheets with exposed {001} facets co-modified by AgxAu1−x NPs and 3D ZnIn2S4 microsphere for enhanced visible light absorption and photocatalytic H2 production[J]. Applied Surface Science, 2019, 484: 1168-1175.

[81]　吕豪杰, 杨传玺, 王小宁, 等. 等离激元光催化研究进展[J]. 环境化学, 2021, 40（5）: 1546-1557.

[82]　YANG K, LI X, ZENG D, et al. Review on heterophase/homophase junctions for efficient photocatalysis: The case of phase transition construction [J]. Chinese Journal of Catalysis, 2019, 40(6): 796-818.

[83]　WANG Z, LIN Z, SHEN S, et al. Advances in designing heterojunction photocatalytic materials[J]. Chinese Journal of Catalysis, 2021, 42(5): 710-730.

[84]　LETTIERI S, PAVONE M, FIORAVANTI A, et al. Charge Carrier Processes and Optical Properties in TiO$_2$ and TiO$_2$-Based Heterojunction Photocatalysts: A Review[J]. Materials (Basel), 2021, 14(7).

[85]　XU Q, ZHANG L, CHENG B, et al. S-Scheme Heterojunction Photocatalyst[J]. Chem, 2020, 6(7): 1543-1559.

[86] YUAN F, YANG R, LI C, et al. Enhanced visible-light degradation performance toward gaseous formaldehyde using oxygen vacancy-rich TiO_2-_x/TiO_2 supported by natural diatomite[J]. Building and Environment, 2022, 219.

[87] GUO Y, WEN H, ZHONG T, et al. Core-shell-like BiOBr@BiOBr homojunction for enhanced photocatalysis[J]. Colloids and Surfaces A: Physicochemical and Engineering Aspects, 2022, 644.

[88] YANG G, DING H, FENG J, et al. Highly Performance Core-Shell $TiO_2(B)$/anatase Homojunction Nanobelts with Active Cobalt phosphide Cocatalyst for Hydrogen Production[J]. Sci Rep, 2017, 7(1): 14594.

[89] SONG Q, HU J, ZHOU Y, et al. Carbon vacancy-mediated exciton dissociation in $Ti_3C_2T_x/g-C_3N_4$ Schottky junctions for efficient photoreduction of CO2[J]. J Colloid Interface Sci, 2022, 623: 487-499.

[90] YIN H, YUAN C, LV H, et al. Hierarchical Ti_3C_2 MXene/Zn3In2S6 Schottky junction for efficient visible-light-driven Cr(VI) photoreduction[J]. Ceramics International, 2022, 48(8): 11320-11329.

[91] LIU M, LI J, BIAN R, et al. ZnO@Ti_3C_2 MXene interfacial Schottky junction for boosting spatial charge separation in photocatalytic degradation[J]. Journal of Alloys and Compounds, 2022, 905(

[92] LI Y, SHAO H, LIN Z, et al. A general Lewis acidic etching route for preparing MXenes with enhanced electrochemical performance in non-aqueous electrolyte[J]. Nature Materials, 2020, 19(8): 894-899.

[93] IZAAK M P, GUNANTO Y E, SITOMPUL H, et al. The optimation of increasing TiO_2 purity through a multi-level hydrometallurgical process[J]. Materials Today: Proceedings, 2021, 44: 3253-3257.

[94] KASANEN J, SUVANTO M PAKKANEN T T. Self-cleaning, titanium dioxide based, multilayer coating fabricated on polymer and glass surfaces[J]. Journal of Applied Polymer Science, 2009, 111(5): 2597-2606.

155

[95] WANG C, WANG X, LIU W. The synthesis strategies and photocatalytic performances of TiO^2/MOFs composites: A state-of-the-art review[J]. Chemical Engineering Journal, 2020, 391.

[96] KUMAR A, KHAN M, HE J, et al. Recent developments and challenges in practical application of visible-light-driven TiO^2-based heterojunctions for PPCP degradation: A critical review[J]. Water Res, 2020, 170: 115356.

[97] DE PASQUALE ILARIA, LO PORTO CHIARA DELL'EDERA MASSIMO, et al. Photocatalytic TiO_2-Based Nanostructured Materials for Microbial Inactivation[J]. Catalysts, 2020, 10(12).

[98] DI T, ZHANG J, CHENG B, et al. Hierarchically nanostructured porous TiO^2(B) with superior photocatalytic CO_2 reduction activity[J]. Science China Chemistry, 2018, 61(3): 344-350.

[99] WANG C, ZHANG X. Anatase/Bronze TiO_2 Heterojunction: Enhanced Photocatalysis and Prospect in Photothermal Catalysis[J]. Chemical Research in Chinese Universities, 2020, 36(6): 992-999.

[100] MA H, WANG C, LI S, et al. High-humidity tolerance of porous TiO_2(B) microspheres in photothermal catalytic removal of NO[J]. Chinese Journal of Catalysis, 2020, 41(10): 1622-1632.

[101] KRESSE G, JOUBERT D. From ultrasoft pseudopotentials to the projector augmented-wave method[J]. PHYSICAL REVIEW B, 1999, 59(3): 1758-1775.

[102] PERDEW J P, BURKE K, ERNZERHOF M. Generalized Gradient Approximation Made Simple[J]. Phycical review letters, 1996, 77(18): 3865-3868.

[103] CAI J, WANG Y, ZHU Y, et al. In Situ Formation of Disorder-Engineered TiO^2(B)-Anatase Heterophase Junction for Enhanced Photocatalytic Hydrogen Evolution[J]. ACS Appl Mater Interfaces, 2015, 7(45): 24987-24992.

[104] NI S, FU Z, LI L, et al. Step-scheme heterojunction g-C_3N_4/TiO_2 for efficient photocatalytic degradation of tetracycline hydrochloride under UV light[J]. Colloids and Surfaces A: Physicochemical and Engineering Aspects, 2022, 649.

[105] GAO J, RAO S, YU X, et al. Dimensional-matched two dimensional/two dimensional TiO_2/Bi_2O_3 step-scheme heterojunction for boosted photocatalytic performance of sterilization and water splitting[J]. J Colloid Interface Sci, 2022, 628(Pt A): 166-178.

[106] WANG Y, ZHANG Z, JIAN X, et al. Engineering hierarchical FeS_2/TiO_2 nanotubes on Ti mesh as a tailorable flow-through catalyst belt for all-day-active degradation of organic pollutants and pathogens[J]. J Hazard Mater, 2022, 438: 129501.

[107] CAO Y, YUAN G, GUO Y, et al. Facile synthesis of TiO_2/g-C_3N_4 nanosheet heterojunctions for efficient photocatalytic degradation of tartrazine under simulated sunlight[J]. Applied Surface Science, 2022, 600.

[108] ALHADDAD M, ISMAIL A A, ALGHAMDI Y G, et al. Co_3O_4 Nanoparticles Accommodated Mesoporous TiO_2 framework as an Excellent Photocatalyst with Enhanced Photocatalytic Properties[J]. Optical Materials, 2022, 131.

[109] CHEN T, XU C, ZOU C, et al. Self-assembly of PDINH/TiO_2/Bi_2WO_6 nanocomposites for improved photocatalytic activity based on a rapid electron transfer channel[J]. Applied Surface Science, 2022, 584.

[110] LIU X, DUAN X, BAO T, et al. High-performance photocatalytic decomposition of PFOA by BiO_X/TiO_2 heterojunctions: Self-induced inner electric fields and band alignment[J]. J Hazard Mater, 2022, 430: 128195.

[111] HAO B, GUO J, ZHANG L, et al. Magnetron sputtered TiO_2/CuO heterojunction thin films for efficient photocatalysis of Rhodamine B[J]. Journal of Alloys and Compounds, 2022, 903: 163851.

[112] LIM Y, LEE S Y, KIM D, et al. Expanded solar absorption spectrum to improve photoelectrochemical oxygen evolution reaction: Synergistic effect of upconversion nanoparticles and $ZnFe_2O_4/TiO_2$[J]. Chemical Engineering Journal, 2022, 438.

[113] HUANG W, FU Z, HU X, et al. Efficient photocatalytic hydrogen evolution over $Cu_3Mo_2O_9$/TiO2 p-n heterojunction[J]. Journal of Alloys and Compounds, 2022, 904: 164089.

[114] BISWAL L, MOHANTY R, NAYAK S, et al. Review on MXene/TiO_2 nanohybrids for photocatalytic hydrogen production and pollutant degradations[J]. Journal of Environmental Chemical Engineering, 2022, 10(2).

[115] YU R, YANG Y, ZHOU Z, et al. Facile synthesis of ternary heterojunction Bi_2O_3/reduced graphene oxide/TiO_2 composite with boosted visible-light photocatalytic activity[J]. Separation and Purification Technology, 2022, 299.

[116] CHEN X, DAI Y, WANG X. Methods and mechanism for improvement of photocatalytic activity and stability of Ag_3PO_4: A review[J]. Journal of Alloys and Compounds, 2015, 649: 910-932.

[117] KAUSOR M A, GUPTA S S, CHAKRABORTTY D. Ag_3PO_4-based nanocomposites and their applications in photodegradation of toxic organic dye contaminated wastewater: Review on material design to performance enhancement[J]. Journal of Saudi Chemical Society, 2020, 24(1): 20-41.

[118] 邓军阳，聂龙辉，汪杰，等. 磷酸银光催化剂制备与催化性能研究进展 [J]. 硅酸盐学报，2019，47（7）：1023-1032.

[119] BENLEKBIR S, EPICIER T, BAUSACH M, et al. STEM HAADF electron tomography of palladium nanoparticles with complex shapes[J]. Philosophical Magazine Letters, 2009, 89(2): 145-153.

[120] PAULAUSKAS T, PACEBUTAS V, BUTKUTE R, et al. Atomic-Resolution EDX, HAADF, and EELS Study of GaAs1-xBix Alloys[J]. Nanoscale Res

Lett, 2020, 15(1): 121.

[121] XU F, ZHANG J, ZHU B, et al. $CuInS_2$ sensitized TiO_2 hybrid nanofibers for improved photocatalytic CO_2 reduction[J]. Applied Catalysis B: Environmental, 2018, 230: 194-202.

[122] GE M, LI Z. Recent progress in Ag_3PO_4-based all-solid-state Z-scheme photocatalytic systems[J]. Chinese Journal of Catalysis, 2017, 38(11): 1794-1803.

[123] LI Y, LIU Y, XING D, et al. 2D/2D heterostructure of ultrathin $BiVO_4/Ti_3C_2$ nanosheets for photocatalytic overall Water splitting[J]. Applied Catalysis B: Environmental, 2021, 285.

[124] HIEU V Q, PHUNG T K, NGUYEN T Q, et al. Photocatalytic degradation of methyl orange dye by Ti_3C_2-TiO_2 heterojunction under solar light[J]. Chemosphere, 2021, 276: 130154.

[125] SHARMA V, KUMAR A, KUMAR A, et al. Enhanced photocatalytic activity of two dimensional ternary nanocomposites of ZnO-Bi_2WO_6-Ti_3C_2 MXene under natural sunlight irradiation[J]. Chemosphere, 2022, 287(Pt2): 132119.

[126] ZHANG H, LI M, WANG W, et al. Designing 3D porous $BiOI/Ti_3C_2$ nanocomposite as a superior coating photocatalyst for photodegradation RhB and photoreduction Cr (VI)[J]. Separation and Purification Technology, 2021, 272.

[127] SU T, HOOD Z D, MICHAEL N, et al. 2D/2D heterojunction of Ti_3C_2/g-C_3N_4 nanosheets for enhanced photocatalytic hydrogen evolution[J]. Nanoscale, 2019, 11(17): 8138-8149.

[128] HUANG K, LI C, WANG L, et al. Layered Ti_3C_2 MXene and silver co-modified g-C_3N_4 with enhanced visible light-driven photocatalytic activity[J]. Chemical Engineering Journal, 2021, 425: 131493.

[129] CHEN Y, LI X, CAI G, et al. In situ formation of(0 0 1)TiO_2/Ti_3C_2 heterojunctions for enhanced photoelectrochemical detection of dopamine[J].

Electrochemistry Communications, 2021, 125: 106987.

[130] LI Z, HUANG W, LIU J, et al. Embedding CdS@Au into Ultrathin $Ti_{3-x}C_2T_y$ to Build Dual Schottky Barriers for Photocatalytic H_2 Production[J]. ACS Catalysis, 2021, 11(14): 8510-8520.

[131] CAO Z, SU J, LI Y, et al. High-energy ball milling assisted one-step preparation of g-C3N4/TiO$_2$@Ti$_3$C$_2$ composites for effective visible light degradation of pollutants[J]. Journal of Alloys and Compounds, 2021, 889.

[132] SREEDHAR ADEM, NOH JIN-SEO. Recent advances in partially and completely derived 2D Ti_3C_2 MXene based TiO_2 nanocomposites towards photocatalytic applications: A review[J]. Solar Energy, 2021, 222: 48-73.

[133] HASSAN A, KENNEDY W J, KOERNER H, et al. Probing Changes in the Electronic Structure and Chemical Bonding of Ti_3C_2 MXene Sheets with Electron Energy-Loss Spectroscopy[J]. Microscopy and Microanalysis, 2022, 28(S1): 1750-1751.

[134] TAHIR M, KHAN A, TASLEEM S, et al. Titanium Carbide (Ti_3C_2) MXene as a Promising Co-catalyst for Photocatalytic CO_2 Conversion to Energy-Efficient Fuels: A Review[J]. Energy & Fuels, 2021, 35(13): 10374-10404.

[135] OUYANG Y, QIU L, BAI Y, et al. Synergistical thermal modulation function of 2D Ti_3C_2 MXene composite nanosheets via interfacial structure modification[J]. iScience, 2022, 25(8): 104825.

[136] VALADEZ-RENTERIA E, OLIVA J, RODRIGUEZ-GONZALEZ V. Photocatalytic materials immobilized on recycled supports and their role in the degradation of water contaminants: A timely review[J]. Sci Total Environ, 2022, 807(Pt2): 150820.

[137] ZAIMEE M Z A, SARJADI M S, RAHMAN M L. Heavy Metals Removal from Water by Efficient Adsorbents[J]. Water, 2021, 13(19).

[138] ZOLKEFLI N, SHARUDDIN S S, YUSOFF M Z M, et al. A Review of

Current and Emerging Approaches for Water Pollution Monitoring[J]. Water, 2020, 12(12).

[139] LIU H, QIU H. Recent advances of 3D graphene-based adsorbents for sample preparation of water pollutants: A review[J]. Chemical Engineering Journal, 2020, 393.

[140] 吴兆俊. 生物强化技术在水污染治理中的应用措施研究[J]. 生态环境与保护，2021，4（2）.

[141] 周启星，罗义，王美娥. 抗生素的环境残留、生态毒性及抗性基因污染[J]. 生态毒理学报，2007，2（3）：243-251.

[142] 全为民，严力蛟. 农业面源污染对水体富营养化的影响及其防治措施[J]. 生态学报，2002，22（3）：291-299.

[143] 路瑞，马乐宽，杨文杰，等. 黄河流域水污染防治"十四五"规划总体思考[J]. 环境保护科学，2020，46（1）：21-24.

[144] 邵志江，刘莲，汪涛，永定河上游张家口地区主要河流污染物来源解析[J]. 环境污染与防治，2020，42（2）：204-210.

[145] 杜实. 环境中抗生素的残留、健康风险与治理技术综述[J]. 环境科学与技术，2021，44（9）：37-48.

[146] 杨其帆，藏金鑫，付朝伟，等. 中国典型区域水环境中抗生素的污染情况[J]. 职业与健康，2022，38（9）：1291-1296.

[147] 李红燕，陈兴汉. 环境中抗生素的污染现状及危害[J]. 中国资源综合利用，2018，36（5）：82-95.

[148] KÜÇÜKDOĞAN A, GÜVEN B, BALCIOĞLU I. Mapping the Environmental Risk of Antibiotic Contamination by Using Multi-Criteria Decision Analysis[J]. CLEAN-Soil, Air, Water, 2015, 43(9): 1316-1326.

[149] SODHI K K, KUMAR M, BALAN B, et al. Perspectives on the antibiotic contamination, resistance, metabolomics, and systemic remediation[J]. SN Applied Sciences, 2021, 3(2).

[150] ZHAI G. Antibiotic Contamination: A Global Environment Issue[J]. Journal

of Bioremediation & Biodegradation, 2014, 05(05).

[151] ROCHA D C, DA SILVA ROCHA C, TAVARES D S, et al. Veterinary antibiotics and plant physiology: An overview[J]. Sci Total Environ, 2021, 767: 144902.

[152] LI F, CHEN L, CHEN W, et al. Antibiotics in coastal water and sediments of the East China Sea: Distribution, ecological risk assessment and indicators screening[J]. Mar Pollut Bull, 2020, 151: 110810.

[153] SUN Y, GUO Y, SHI M, et al. Effect of antibiotic type and vegetable species on antibiotic accumulation in soil-vegetable system, soil microbiota, and resistance genes[J]. Chemosphere, 2021, 263: 128099.

[154] BIELAN Z, DUDZIAK S, KUBIAK A, et al. Application of Spinel and Hexagonal Ferrites in Heterogeneous Photocatalysis[J]. Applied Sciences, 2021, 11(21).

[155] WANG X, LIN Z, LU J. One Health strategy to prevent and control antibiotic resistance][J]. Sheng Wu Gong Cheng Xue Bao, 2018, 34(8)：1361-1367.

[156] 张红娜, 崔娜, 申红妙. 基于宏基因组学探讨东平湖水库的菌群结构、耐药基因谱及其公共健康风险[J]. 环境科学, 2021, 42（1）：211-220.

[157] 钱璟, 吴哲元, 郭晓奎, 等. 耐药微生物和抗生素耐药基因与全健康[J]. 微生物学通报, 2022, 6（2）：220177.

[158] LYU J, ZHOU Z, WANG Y, et al. Platinum-enhanced amorphous TiO2-filled mesoporous TiO$_2$ crystals for the photocatalytic mineralization of tetracycline hydrochloride[J]. J Hazard Mater, 2019, 373: 278-284.

[159] ESPINDOLA J C, CRISTOVAO R O SANTOS S G S, et al. Intensification of heterogeneous TiO$_2$ photocatalysis using the NETmix mili-photoreactor under microscale illumination for oxytetracycline oxidation[J]. Sci Total Environ, 2019, 681: 467-474.

[160] KANSAL S K, KUNDU P, SOOD S et al. Photocatalytic degradation of the

antibiotic levofloxacin using highly crystalline TiO$_2$ nanoparticles[J]. New J. Chem., 2014, 38(7): 3220-3226.

[161] WANG J, ZHUAN R. Degradation of antibiotics by advanced oxidation processes: An overview[J]. Sci Total Environ, 2020, 701: 135023.

[162] CUERDA-CORREA E M, ALEXANDRE-FRANCO M F, FERNÁNDEZ-GONZÁLEZ C. Advanced Oxidation Processes for the Removal of Antibiotics from Water. An Overview[J]. Water, 2019, 12(1).

[163] LI D, SHI W. Recent developments in visible-light photocatalytic degradation of antibiotics[J]. Chinese Journal of Catalysis, 2016, 37(6): 792-799.

[164] KANAN S, MOYET M A, ARTHUR R B, et al. Recent advances on TiO$_2$-based photocatalysts toward the degradation of pesticides and major organic pollutants from water bodies[J]. Catalysis Reviews, 2019, 62(1): 1-65.

[165] BAYAN E M, PUSTOVAYA L E, VOLKOVA M G. Recent advances in TiO$_2$-based materials for photocatalytic degradation of antibiotics in aqueous systems[J]. Environmental Technology & Innovation, 2021, 24: 101822.

[166] 陆祥昕，侯立安，杨天华，等. TiO$_2$光催化剂单一及其掺杂改性技术研究进展[J]. 水处理技术，2021，47（12）：1-7.

[167] YANG X, CHEN Z, ZHAO W, et al. Recent advances in photodegradation of antibiotic residues in water[J]. Chem Eng J, 2021, 405: 126806.

[168] ZHAO F, KE W, PENG Z, et al. High-Efficient Visible-Light Response and Photoelectrochemical Performance of Nanotube-Sheet Composite Fabricated by Ultrathin Porphyrin Nanosheet and TiO$_2$ Nanotubes[J]. ChemistrySelect, 2019, 4(3): 941-949.

[169] ZHAO F, RONG Y, WAN J, et al. High photocatalytic performance of carbon quantum dots/TNTs composites for enhanced photogenerated charges

separation under visible light[J]. Catalysis Today, 2018, 315: 162-170.

[170] AHMADI M, RAMEZANI M H, JAAFARZADEH N, et al. Enhanced photocatalytic degradation of tetracycline and real pharmaceutical wastewater using MWCNT/TiO$_2$ nano-composite[J]. J Environ Manage, 2017, 186(Pt1): 55-63.

[171] MAIOROV V A. Self-Cleaning Glass[J]. Glass Physics and Chemistry, 2019, 45(3): 161-174.

[172] PINI MARTINA, CEDILLO GONZÁLEZ ERIKA, NERI PAOLO, et al. Assessment of Environmental Performance of TiO$_2$ Nanoparticles Coated Self-Cleaning Float Glass[J]. Coatings, 017, 7(1).

[173] CHABAS A, LOMBARDO T, CACHIER H, et al. Behaviour of self-cleaning glass in urban atmosphere[J]. Building and Environment, 2008, 43(12): 2124-2131.

[174] TOSHIYA W, KAZUHIRO Y, YOSHINORI K, et al. Formation of a-C thin films by plasma-based ion implantation[J]. Science and Technology of Advanced Materials, 2001, 2(3-4): 539-545.

[175] AKIRA N, KAZUHITO H, TOSHIYA W, et al. Recent Studies on Super-Hydrophobic Films[J]. Monatshefte fuÈr Chemie, 2001, 132: 31-41.

[176] NUIDA T, KANAI N, HASHIMOTO K, et al. Enhancement of photocatalytic activity using UV light trapping effect[J]. Vacuum, 2004, 74(3-4): 729-733.

[177] 余家国 赵修建，陈文梅，等. TiO$_2$/SiO$_2$ 纳米薄膜的光催化活性和亲水性[J]. 物理化学学报，2001，17（03）：261-264.

[178] 余家国，赵修建，陈文梅，等. TiO$_2$ 多孔纳米薄膜的溶胶-凝胶法制备和光催化特性研究[J]. 玻璃与搪瓷，1999，27（5）：9-15.

[179] 余家国，赵修建. TiO$_2$ 涂层自洁净玻璃的制备及其特性研究[J]. 太阳能学报，1999，20（4）：398-403.

[180] 余家国，赵修建，赵青南，等. 光催化多孔 TiO$_2$ 薄膜的表面形貌对亲水

性的影响[J]. 硅酸盐学报，2000，28（3）：245-250.

[181] 张镱锂，李炳元，刘林山，等. 再论青藏高原范围[J]. 地理研究，2021，40（6）：1543-1553.

[182] 赵俊猛，张培震，张先康，等. 中国西部壳幔结构与动力学过程及其对资源环境的制约："羚羊计划"研究进展[J]. 地学前缘，2021，28（5）：230-259.

[183] 祁生文，李永超，宋帅华，等. 青藏高原工程地质稳定性分区及工程扰动灾害分布浅析[J]. 工程地质学报，2022，30（3）：599-608.

[184] 田云涛，秦咏辉，胡杰，等. 白垩纪以来东亚地貌演化与构造驱动：来自沉积盆地与构造变形的记录[J]. 大地构造与成矿学，2022，46（3）：471-482.

[185] TAPPONNIER P, ZHIQIN X, ROGER F, et al. Oblique stepwise rise and growth of the Tibet plateau[J]. Science, 2001, 294(5547): 1671-1677.

[186] 周秀骥，吴国雄，徐祥德. 前言——国家自然科学基金重大研究计划"青藏高原地-气耦合系统变化及其全球气候效应"专题[J]. 大气科学，2022，46（2）：440-441.

[187] 熊喆，宋长青. 对流解析区域气候模式对青藏高原降水模拟能力的研究[J]. 北京师范大学学报（自然科学版），2022，58（2）：337-347.

[188] 张惠远. 青藏高原区域生态环境面临的问题与保护进展[J]. 环境保护，2011，17：20-22.

[189] 王小丹，程根伟，赵涛，等. 西藏生态安全屏障保护与建设成效评估[J]. 中国科学院院刊，2017，32（1）：29-34.

[190] 杨耀先，胡泽勇，路富全，等. 青藏高原近 60 年来气候变化及其环境影响研究进展[J]. 高原气象，2022，41（1）：1-10.

[191] 龙迪，李雪莹，李兴东，等. 遥感反演 2000—2020 年青藏高原水储量变化及其驱动机制[J]. 水科学进展，2022，33（03）：375-389.

[192] 俞静雯，李清泉，丁一汇，等. 气候变暖背景下青藏高原夏季水汽的长期变化趋势分析[J]. 中国科学：地球科学，2022，52（5）：942-954.

[193] 李文君，李鹏，封志明，等. 基于人居环境特征的青藏高原"无人区"空间界定[J]. 地理学报，2021，76（09）：2118-2129.

[194] 傅伯杰，欧阳志云，施鹏，等. 青藏高原生态安全屏障状况与保护对策[J]. 中国科学院院刊，2021，36（11）：1298-1306.

[195] 范泽孟. 青藏高原植被生态系统垂直分布变化的情景模拟[J]. 生态学报，2021，41（20）：8178-8191.

[196] 刘飞，刘峰贵，周强，等. 青藏高原生态风险及区域分异[J]. 自然资源学报，2021，36（12）：3232-3245.

[197] 盛夏，石玉立，丁海勇. 青藏高原 GPM 降水数据空间降尺度研究[J]. 遥感技术与应用，2021，36（3）：571-580.

[198] 高佳佳，杜军，卓嘎. 青藏高原春季土壤湿度与夏季降水的关系[J]. 大气科学学报，2021，44（2）：219-227.

[199] KOHLI I, CHAOWATTANAPANIT S, MOHAMMAD T F, et al. Synergistic effects of long-wavelength ultraviolet A1 and visible light on pigmentation and erythema[J]. Br J Dermatol, 2018, 178(5): 1173-1180.

[200] 李从严，伊朗，徐舒婷，等. 含叔丁基、醚键和双酚 A 单元可溶性聚酰亚胺的合成与表征[J]. 高分子学报，2016，7：938-945.

[201] 王大永，甘源，洪澜，等. 基于铜粉的室温气固反应自生长刺球状半导体 Cu_2S 纳米线阵列[J]. 材料科学与工程学报，2016，34（2）：199-203.

[202] 拉巴旺堆. 西藏地区太阳能资源开发研究[J]. 中国高新科技，2017，1（9）：31-33.

[203] 唐学军，陈晓霞. 西藏自治区太阳能资源开发利用的困境及立法需求研究[J]. 公民与法，2015，3：36-39.

[204] 李勇，王世峰，陈天禄，等. 青藏高原太阳紫外线辐射及其生物学效应研究现状[J]. 科学技术与工程，2022，22（4）：1321-1328.

[205] 祝青林，于贵瑞，蔡福，等. 中国紫外辐射的空间分布特征[J]. 资源科学，2005，27（1）：108-113.

[206] 李柯，何凡能. 中国陆地太阳能资源开发潜力区域分析[J]. 地理科学进展，2010，29（9）：1049-1054.

[207] LV S Y, LIU Q Y, ZHAO Y X, et al. Photooxidation of Isoprene by Titanium Oxide Cluster Anions with Dimensions up to a Nanosize[J]. J Am Chem Soc, 2021, 143(10): 3951-3958.

[208] REN H, KOSHY P, CHEN W F, et al. Photocatalytic materials and technologies for air purification[J]. J Hazard Mater, 2017, 325: 340-366.

[209] QIAN Y, ZHANG F, PANG H. A Review of MOFs and Their Composites-Based Photocatalysts: Synthesis and Applications[J]. Advanced Functional Materials, 2021, 31(37).

[210] KUMAR A, KUMAR A, KRISHNAN VE. Perovskite Oxide Based Materials for Energy and Environment-Oriented Photocatalysis[J]. ACS Catalysis, 2020, 10(17): 10253-10315.

[211] 刘阳，陈正安. 西藏地区太阳能辐射短时间变化及分析[J]. 可再生能源，2013，31（6）：15-22.

[212] 米玛次仁，牛小春，姚亮等. 西藏地区可再生能源的典型应用及其发展趋势[J]. 电气时代，2020，10）：22-35.

[213] 朱国平. 西藏清洁能源开发利用的思考[J]. 经济研究导刊，2019，5：59-61.

[214] 胡尧，李子璇，李勇，等. 浅析西藏地区可再生能源开发利用现状及未来发展[J]. 太阳能，2017，8：11-13.

附录

附录A　西藏自治区国家生态文明高地建设条例

〔2021〕第2号

第一章　总　则

第一条　为了全面贯彻落实新时代党的治藏方略，坚持生态保护第一，建设美丽西藏，把西藏打造成为国家生态文明高地，根据相关法律法规，结合自治区实际，制定本条例。

第二条　自治区行政区域内建设国家生态文明高地活动，适用本条例。

第三条　西藏是青藏高原的主体，是重要的国家生态安全屏障。保护好青藏高原生态事关中华民族生存和长远发展，事关铸牢中华民族共同体意识，事关西藏长治久安和高质量发展，事关全区各族人民的民生福祉。

保护西藏生态环境、建设国家生态文明高地是全社会的共同责任和义务。

第四条　建设国家生态文明高地，应当以习近平生态文明思想为指导，树立绿水青山就是金山银山的理念，尊重自然、顺应自然、保护自然，建设国家生态安全屏障战略地、人与自然和谐共生示范地、绿色发展试验地、自然保护样板地、生态富民先行地，守护好青藏高原的生灵草木、万水千山，实现人与自然和谐共生的现代化，全面建成美丽中国西藏样板。

第五条　建设国家生态文明高地，应当坚持党的领导，坚持以人民为中心，坚持系统观念，坚持节约优先、保护优先、自然恢复为主，以科学规划为统领，以创建国家生态文明建设示范区为载体，以构建生态文明体系为支撑，不断提高生态治理体系和治理能力现代化水平。

第六条　建设国家生态文明高地，实行党委统一领导、人大依法监督、政府统筹推进、部门协调联动、社会协同参与的工作机制。

第二章　生态规划

第十条　自治区人民政府应当编制自治区国家生态文明高地建设规划,明确总体目标、重点任务、实施步骤、保障机制、指标体系、管理规程、责任考核等内容。

第八条　县级以上人民政府编制国民经济和社会发展规划,应当坚持生态保护第一,将生态文明高地建设工作纳入其中,将生态文明建设与经济建设、政治建设、文化建设、社会建设统一部署、统筹实施。

第九条　自治区人民政府及其相关部门应当将自治区国家生态文明高地建设规划与国土空间规划相衔接,修编西藏生态安全屏障保护与建设规划,预留重大基础设施建设廊道和国边防建设空间。制定保护生态环境、发展生态经济、繁荣生态文化等方面的专项规划。

第十条　地（市）、县（区）人民政府应当根据自治区国家生态文明高地建设规划,结合本行政区域的实际情况,制定实施方案。

第三章　生态安全

第十一条　建设国家生态文明高地,应当建立健全以生态系统良性循环和环境风险有效防控为重点的生态安全体系,建立生态环境分区管控体系,划定生态保护红线、环境质量底线、资源利用上线,制定生态环境准入清单,守住自然生态安全边界,确保西藏生态环境良好,建设国家生态安全屏障战略地。

第十二条　自治区人民政府应当统筹推进山水林田湖草沙治理,加强保护与修复,参与实施青藏高原综合科学考察、长江流域生态保护等国家战略,保护好江河、湖泊、冰川、森林、草原、湿地、荒漠等生态系统和生态资源。

第十三条　自治区全面实行河湖长制,划定河湖岸线保护范围,加强水源涵养能力建设,防范和治理水污染,保护江河、湖泊、饮用水水源地等水生态和水安全,守护好亚洲水塔。

第十四条　自治区全面实行林长制,加强森林草原保护与治理,加强森林草原火灾和有害生物防控,保持森林草原生态稳定;落实天然林、公益林保护制度,禁止滥砍滥伐树木,因地制宜推进国土绿化;稳定完善草原承包经营制度，健全基本草原保护制度，落实禁牧休牧和草畜平衡制度，建立退化草原生态修复机制。

第十五条　各级人民政府应当对湿地进行系统性保护，划定保护范围，严格管控湿地用途，修复退化湿地，保持湿地自然特征，改善湿地生态功能。

第十六条　各级人民政府应当建立冰川保护体系，开展冰川和冰缘区动态监测，严格管控冰川周边区域生产经营活动，保持冰川原真风貌。

第十七条　各级人民政府应当加强土壤污染防治，建立土壤污染风险管控制度，防止有毒有害物质污染土壤，治理白色污染和农业面源污染，保护土壤环境。

各级人民政府应当开展盐碱地、沙化土地、荒漠化土地和水土流失重点区域的综合防治，实施封山封沙育林育草、小流域综合治理、有害生物防治等工程，促进生态系统恢复。

第十八条　各级人民政府应当加强固体废物污染防治，对生活垃圾、建筑垃圾，医疗废物等危险废物实行分类收集、无害化处理和综合利用。

第十九条　各级人民政府应当严格管控工业废气排放，加强机动车船废气、沙尘扬尘、生活烟尘等大气污染综合防治，保持大气环境优良。

第二十条　自治区人民政府及其相关部门应当推进建立以国家公园为主体、自然保护区为基础、各类自然公园为补充的自然保护地体系，推动珠穆朗玛峰、羌塘、唐 古拉山北部西藏片区等区域纳入国家公园空间布局，推进青藏高原世界自然和文化遗产申遗项目，推动地球第三极国家公园建设。

组织实施自然灾害防治重大工程，实施藏西北羌塘高原荒漠生态保护和修复、藏东南高原生态保护和修复、"两江四河"造林绿化与综合治理、青藏高原矿山生态修复等重点工程，实施极高海拔和自然保护地生态搬迁工程，建设自然保护样板地。

第二十一条　自治区人民政府应当组织开展生物多样性研究与保护工作，开展动植物资源调查研究，保护青藏高原特有珍稀物种和种质、基因资源，防范和治理外来物种入侵。

各级人民政府应当加强对野生动物的保护和疫源疫病监测防控，全面禁止非法野生动物交易，禁止滥食野生动物，完善野生动物肇事损害补偿机制。

第二十二条 自治区人民政府应当推进生态文明大数据平台建设，建立生态文明基础数据库，运用大数据进行分析、管理和监督，建立健全生态安全监测监控体系，完善信息公开制度，实行生态环境统一监管。

第四章 生态经济

第二十三条 建设国家生态文明高地，应当坚持新发展理念，坚持生态优先绿色发展，建立健全以产业生态化和生态产业化为主体的生态经济体系，培育地球第三极区域公共品牌，实现绿色低碳高质量发展，建设绿色发展试验地。

第二十四条 各级人民政府应当推动生态农牧业发展，培育发展特色产业，推动无公害绿色有机农畜产品认证，推行生态循环种养模式。

第二十五条 各级人民政府应当支持各类市场主体开发利用水能、风能、太阳能、地热能等可再生清洁能源，促进能源产业可持续高质量发展，建设国家清洁能源接续基地和清洁可再生能源利用示范区。

第二十六条 各级人民政府应当推动循环经济和清洁生产，禁止引进资源高消耗、能源高消费、污染高排放的产业项目和不符合生态环境保护要求的技术、设备、工艺，支持新型环保建材、装配式建筑等产业发展，鼓励天然饮用水等生态资源开发；推动数字经济和生态经济深度融合，减少资源能源消耗，促进绿色经济发展。

第二十七条 自治区人民政府及其自然资源、生态环境等相关部门应当开展矿产资源勘查和地质调查，在严格保护生态环境前提下开展战略性矿产资源的开发。建立自然保护地矿业权退出机制，严格矿山勘查开发审批制度，提高矿产资源开发利用和保护水平。

各级人民政府应当推进绿色矿山建设，加强矿山生态环境保护和矿山废弃地生态修复。

第二十八条 各级人民政府及其旅游等相关部门应当支持发展高原生态旅游，建设符合生态文明要求的旅游基础设施，倡导低碳环保旅游，推动旅游业生态化。

第二十九条　县级以上人民政府及其发改、文化等相关部门应当发展具有民族特色的生态文化产业，扶持符合生态环境保护要求的民族传统产业。

第三十条　自治区人民政府应当探索建立碳排放权交易制度，积极落实国家碳排放要求，促进实现国家碳达峰、碳中和目标。

第三十一条　各级人民政府应当加快实施以"神圣国土守护者、幸福家园建设者"为主题的乡村振兴战略，改善乡村人居环境，倡导乡村绿色生活，发展乡村生态经济，加快推进农业农村现代化。

第五章　生态文化

第三十二条　建设国家生态文明高地，应当建立健全以生态价值观念为准则的生态文化体系，培育生态文化，传播生态文明理念，提高全民生态文明素养，形成生态文明社会风尚，建设人与自然和谐共生示范地。

第三十三条　培育生态文化应当加强以下内容的学习宣传教育：

（一）习近平新时代中国特色社会主义思想特别是习近平生态文明思想和习近平总书记关于西藏工作的重要论述；

（二）新时代党的治藏方略，特别是"必须坚持生态保护第一，保护好青藏高原生态就是对中华民族生存和发展的最大贡献"；

（三）社会主义核心价值观，中华民族共同体意识，中华优秀传统文化和青藏高原各民族共同生态价值观；

（四）节约资源和保护环境的基本国策，生态文明建设相关法律法规；

（五）生态系统、环境保护、污染防治、公共卫生安全、野生动植物保护、垃圾分类、灾害预防和治理等科学文化知识；

（六）生态文明建设其他相关内容。

第三十四条　自治区人民政府教育主管部门应当将生态文明内容贯穿国民教育全过程，编制具有地方特色的生态文明建设读本、开发制作多媒体视频资料。

公务员教育培训主管部门、各级党校（行政学院）、各类社会培训机构应当将生态文明作为教育培训的重要内容。

第三十五条 县级以上人民政府应当加强生态文化公共设施建设,鼓励支持图书馆、博物馆、群众艺术馆、科技馆和自然保护区、旅游景区等发挥载体作用,宣传生态文明理念和青藏高原生态文化知识。

第三十六条 各级人民政府应当推动高原生态城市建设,城市建筑整体设计应当符合节能环保要求和生态审美观念。

各级人民政府应当加强城乡人居环境综合整治,推进城乡污水、垃圾治理和厕所革命,保护具有民族传统特色的生态村镇,建设绿色城镇、绿色村庄、绿色边境。

第三十七条 培育高原生态文化,应当弘扬中华民族优秀传统生态智慧,传承敬畏自然、尊重生命、和谐共存的生态理念。

鼓励文化部门和文艺工作者创作优秀生态文化产品,传播生态文化。

第三十八条 全社会应当践行绿色生活方式,制止餐饮浪费行为,倡导公众绿色低碳出行,自觉使用绿色低碳产品,提高资源回收意识,履行生活垃圾分类义务。

宗教、民俗活动应当符合绿色生态理念。引导宗教活动方式和消费方式绿色化。

第三十九条 每年 8 月为自治区生态文明宣传月。

各级人民政府及其相关部门应当组织开展生态文明主题宣传活动,动员全民参与生态文明建设。

第六章 示范创建

第四十条 建设国家生态文明高地,应当加快推进国家生态文明建设示范区创建工作,坚持整体规划、示范引领、有序推进、精准落实。

第四十一条 各级人民政府应当依据国家生态文明建设示范创建标准,组织开展自治区、地(市)、县(区)、乡(镇)、村(居)五级联建联创,高标准创建国家生态文明建设示范区。

第四十二条 各级人民政府负责本行政区域国家生态文明建设示范区创建工作,建立管理监督考评机制。将创建国家生态文明建设示范区纳入领导班子、领导干部评价考核的内容。

第四十三条　各级人民政府建立示范创建监督员制度，邀请人大代表、政协委员和其他方面具有代表性的人士对创建工作进行监督。

第四十四条　自治区人民政府应当对获得国家级和自治区级生态文明建设示范区称号的，给予表彰奖励，在政策、项目、资金等方面予以支持；对有突出贡献的单位和个人，给予表彰奖励。

第七章　社会协同

第四十五条　工会、共青团、妇联、文联、工商联、社科联、科协、佛协、残联、红十字会等社会团体，应当结合各自特点和优势，组织动员社会群体参与国家生态文明高地建设。

第四十六条　高等院校、科研院所、学术团体等教育科研机构应当加强青藏高原生态文明建设和青藏高原气候变化影响与环境变化机理等方面学科学术研究，推进相关科研成果转化运用。

第四十七条　广播、电视、报刊、网络等公共媒体应当加强生态文明建设的宣传和舆论引导，开展公益宣传，为国家生态文明高地建设营造良好舆论氛围。

鼓励引导自媒体宣传生态文化，参与国家生态文明高地建设。

第四十八条　各级国家机关、企事业单位、社会团体等应当实行绿色采购，优先购买和使用节能环保可回收的绿色产品、设备和设施，推行绿色节能办公。

第四十九条　各类企业和个体工商户应当树立生态文明理念，构建企业生态文化，自觉承担保护和改善生态环境的社会责任，将节约资源、保护环境、建设生态文明的要求贯穿生产经营各环节。

第五十条　旅游服务行业和旅游者应当履行环境保护义务和生态文明责任。

第五十一条　村（居）民委员会、社区应当将生态文明建设内容纳入村规民约、居民公约，推动形成节约资源、保护环境的社会风尚和行为规范。

第五十二条　宗教团体、宗教院校、宗教活动场所应当遵循生态环保理念，将生态文明建设内容纳入管理制度。

第八章　保障监督

第五十三条　建设国家生态文明高地,应当建立健全以保护和改善环境质量为核心的目标责任体系,健全突发生态环境事件应急管理和处置机制,全面落实生态文明制度。

第五十四条　县级以上人民政府应当建立国家生态文明高地建设经费投入机制,将生态文明建设经费纳入本级财政预算。建立健全政府引导、市场推进、社会参与的多元投入机制,鼓励综合运用政府和社会资本合作、产业投资基金、环境污染第三方治理等方式,吸引社会资本共同参与国家生态文明高地建设。

第五十五条　自治区人民政府应当建立生态文明建设合作机制,加强与省区市跨区域协作。

第五十六条　自治区人民政府应当完善禁止开发区、限制开发区和重点生态功能区的财政转移支付制度,健全生态岗位补贴政策,建设生态富民先行地;完善森林、草原、湿地生态效益补偿机制,探索建立水生态保护补偿机制,推行大江大河跨区域生态补偿;探索市场化、多元化生态补偿机制。

第五十七条　自治区人民政府应当建立完善环境信用管理制度,鼓励金融机构发展绿色信贷、绿色保险、绿色债券等金融业务,联合惩戒环保领域失信行为。

第五十八条　县级以上人民政府及其相关部门对重大生态工程建设,应当在政策、用地、资金等方面给予支持。

第五十九条　自治区人民政府和相关国家机关应当落实生态环境损害赔偿制度、责任追究制度、生态环境保护督察制度,实行自然资源资产管理离任审计。

第六十条　广播、电视、报刊、网络等公共媒体对国家机关、企事业单位、社会团体等开展国家生态文明高地建设活动进行舆论监督。

国家机关、企事业单位、社会团体等应当自觉接受舆论监督,及时调查、处理、反馈媒体反映的问题。

第六十一条　县级以上人民政府应当每年向本级人民代表大会或其常务委员会报告国家生态文明高地建设工作情况，依法接受监督。

县级以上人民代表大会及其常务委员会应当加强对生态环境法律法规实施情况的监督检查，加强对国家生态文明高地建设工作的监督，检查督促国家生态文明高地建设工作推进落实情况。

第六十二条　人民法院应当完善生态环境审判机制，依法公正审理涉及生态环境领域的案件；检察机关、符合法定条件的社会组织应当依法对破坏生态环境的案件提起公益诉讼，维护生态环境公共利益。

第六十三条　公民、法人和其他社会组织有权依法对国家生态文明高地建设工作提出建议批评，对国家机关及其工作人员在国家生态文明高地建设工作中的违法失职行为提出申诉、控告和检举，对妨碍或者破坏国家生态文明高地建设的违法行为进行制止和举报。

第九章　法律责任

第六十四条　国家机关、公职人员有下列行为之一的，由有关机关责令改正，通报批评；对直接负责的主管人员和其他直接责任人员依法给予处分；构成犯罪的，依法追究刑事责任：

（一）擅自变更国家生态文明高地建设规划的；

（二）未落实国家生态文明高地建设目标责任的；

（三）应当依法公开生态文明建设信息而未及时公开或者弄虚作假的；

（四）无正当理由不接受监督的；

（五）有玩忽职守、滥用职权、徇私舞弊行为的；

（六）其他违反本条例规定行为的。

第六十五条　因影响或者破坏国家生态文明高地建设造成生态环境损害的，应当依法承担生态环境损害赔偿责任；构成违反治安管理行为的，依法给予治安管理处罚；构成犯罪的，依法追究刑事责任。

第六十六条　违反本条例规定的行为，法律法规已有处罚规定的，从其规定。

附录 B　西藏自治区水污染防治行动计划工作方案

为加强全区水污染综合防治工作,按照中央第六次西藏工作座谈会精神和《国务院关于印发水污染防治行动计划的通知》(国发〔2015〕17 号)要求,结合我区水环境容量较大、人类活动扰动较小、水环境质量总体良好,但生活污水排放逐年增加、畜禽养殖规模不断扩大、饮用水水源地环境安全和城中水体环境质量不容乐观、环境监管能力严重不足的现状,为确保水环境安全,提出以下工作方案。

总体要求:以科学发展观为指导,大力推进生态文明建设,以保持和改善水环境质量为核心,加大水污染治理和水土流失防治力度,树立优良的生态环境是优势、绿水青山是金山银山的理念。严守生态安全底线、红线和高压线,按照"生态保护第一、预防为主、节水优先、空间均衡、系统治理"原则,系统推进水生态保护、水资源管理和水污染防治。坚持全面依法推进,实行最严格环保制度;坚持落实各方责任,严格考核问责;坚持全民参与,推动节水洁水人人有责,努力构建青藏高原国家生态安全屏障。

工作目标:全区水环境质量持续保持优良。到 2020 年,全区涉及西南诸河、西北诸河的河流、湖泊等地表水和地下水环境质量满足相应水域功能区要求,主要城镇无黑臭水体。主要江河湖泊流域生态系统及湿地生态系统得到保护,林草植被有所增加。主要城镇集中式饮用水水源地水质达标率达到 100%,拉萨市建成区城镇生活污水集中处理率达到 90%以上、其余地(市)行署(人民政府)所在地城镇生活污水集中处理率达到 85%以上,县城和涉及旅游、边境口岸的重点镇因地制宜地开展生活污水处理工作。节水指标和主要污染物排放总量达到国家要求。到 2030 年,全区地表水、地下水质量均保持稳定,城乡集中式饮用水水源水质达标率为 100%。主要江河湖泊流域生态系统及湿地生态系统进一步改善,水土流失得到有效治理。到 21 世纪中叶,水环境质量持续良好,流域生态系统走向良性循环。

一、着力节约保护水资源

（一）控制用水总量。

实施最严格水资源管理，进一步完善取用水总量控制指标体系。加强相关规划和项目建设布局水资源论证工作，国民经济和社会发展规划以及城市总体规划的编制、重大建设项目的布局，应充分考虑当地水资源条件和防洪要求。对取用水总量已达到或超过控制指标的地区，暂停审批其建设项目新增取水许可。新建、改建、扩建项目用水要达到行业先进水平，节水设施应与主体工程同时设计、同时施工、同时投运。2016年建立自治区重点监控用水单位名录并动态更新。2017年开始对纳入取水许可管理的单位和其他用水大户实行计划用水管理。到2020年，全区用水总量控制在36.89亿立方米以内。（水利厅牵头，发展改革委、工业和信息化厅、住房城乡建设厅、农牧厅等部门参与，各级人民政府负责落实。以下均需各地（市）行署（人民政府）落实，不再列出）

严控地下水超采。严格控制开采深层承压水，地热水、矿泉水开发应严格执行取水许可和采矿许可制度。拉萨市应加快以地表水为水源的供水厂建设，减少地下水的开采量。2016年启动拉萨市、日喀则市部分地区地下水监测工作。依法规范机井建设管理、排查登记各地已建机井，未经批准的和公共供水管网覆盖范围内的自备水井，一律予以关闭。2017年启动其他地（市）地下水监测工作，完成拉萨市城区地下水禁采区、限采区控制范围划定工作。2020年年底前完成全区地下水禁采区、限采区控制范围划定工作。（水利厅、国土资源厅牵头，发展改革委、工业和信息化厅、财政厅、住房城乡建设厅、农牧厅等部门参与）

（二）提高用水效率。

建立自治区万元国内生产总值水耗指标等用水效率评估体系，把节水目标任务完成情况纳入全区各地（市）、县级政府政绩考核。2016年开展拉萨市、日喀则市工业用水调查工作。2017年，组织开展其他地（市）工业用水调查和自治区行业用水定额编制工作。到2020年全区万元国内生产总值用水量、万元工业增加值用水量比 2015 年（万元国内生产总值用水量 400.45 立方米、万元工业增加值用水量 246 立方米）分别下降 22%、30% 以上。（水利厅牵头，发展改革委、工业和信息化厅、住房城乡建设厅等部门参与）

抓好工业节水。坚持"节水优先"方针，全面落实最严格的水资源管理制度，严格用水总量管控，强化水资源节约保护措施。根据国家鼓励和淘汰的用水技术、工艺、产品和设备目录，高耗水行业用水定额标准，开展节水诊断、水平衡测试、用水效率评估，严格用水定额管理，逐步推进清洁生产和节水型企业建设。（工业和信息化厅、水利厅牵头，发展改革委、住房城乡建设厅、质监局等部门参与）

加强城镇节水。严格按照国家现行节水规范、标准执行，公共建筑必须采用节水器具，限期淘汰公共建筑中不符合节水标准的水嘴、便器水箱等生活用水器具。加大城镇绿化节水力度。改变现有绿化浇灌方式，杜绝大水漫灌现象，推行节水浇灌方式，逐步将污水处理厂再生水作为绿化用水的主要来源。新建民用建筑必须按照现行节水规范、标准进行设计、施工。鼓励居民家庭选用节水器具。对使用超过 50 年和材质落后的供水管网进行更新改造，到 2017 年，全区公共供水管网漏损率控制在 20% 以内；到 2020 年，控制在 15% 以内。积极推行低影响开发建设模式。新建城区硬化地面，可渗透面积要达到 40% 以上，达到海绵城市的要求。到 2020 年，地（市）行署（人民政府）所在地城镇全部达到国家节水型城市标准要求。（住房城乡建设厅牵头，发展改革委、水利厅、质监局等部门参与）

发展农业节水。推广渠道防渗、管道输水等节水灌溉技术，完善灌溉用水计量设施。积极推进规模化高效节水灌溉，推广农作物节水抗旱技术。到 2020 年，规划建成西藏自治区节水示范基地中心试验站、西藏日喀则灌溉试验重点站和西藏林芝市重点试验站；江北等大型灌区、中小型重点灌区续建配套和节水改造任务基本完成，建立拉洛、澎波、湘河等新灌区，全区改善灌溉面积达到 297 万亩左右，在各项保证措施到位、国家投入加大的基础上，农田灌溉水有效利用系数达到 0.45 以上。（水利厅、农牧厅牵头，发展改革委、财政厅等部门参与）

（三）科学保护水资源。

完善水资源保护考核评价体系。严格落实《西藏自治区重要江河湖泊水功能区纳污能力核定和分阶段限制排污总量控制方案》，加强水功能区监督管理。（水利厅牵头，发展改革委、环境保护厅等部门参与）

加强江河湖库水量调度管理，完善水量调度方案。采取闸坝联合调度、生态补水等措施，合理安排闸坝下泄水量和泄流时段，维持江河、城中水体的基本生态用水需求，重点保障枯水期生态基流。（水利厅牵头，环境保护厅参与）

科学确定生态流量。按照水利部统一部署积极推进相关试点工作，2016年启动自治区"一江四河"（雅鲁藏布江、拉萨河、尼洋河、年楚河、雅砻河）及城中水体生态基流试点工作，制定重要水利工程和敏感地区水利工程生态调度和补水方案，分期分批确定"一江四河"及城中水体生态流量（水位），当前重点是保障雅砻河、年楚河的生态流量。到2020年全面完成试点工作。（水利厅牵头，环境保护厅参与）

二、严格环境执法监管

（四）完善法规标准。

健全法律法规。加快水资源保护、水土流失治理、水污染防治、重点湖泊环境管理等法规修订步伐，重点制定或修订《西藏自治区环境保护条例》《西藏自治区河道采砂管理办法》《西藏自治区取水许可和水资源费征收管理办法》《西藏自治区水文管理办法》《西藏自治区城镇污水处理设施建设与运营管理办法》《西藏自治区饮用水水源环境保护管理办法》等法规、规章。（政府法制办牵头，发展改革委、工业和信息化厅、国土资源厅、环境保护厅、住房城乡建设厅、交通运输厅、水利厅、林业厅、农牧厅、卫计委等部门参与）

（五）加大执法力度。

全面排查整改各类污染环境、破坏生态和环境隐患问题，确保不留监管死角、不存执法盲区；坚决纠正执法不到位、整改不到位问题。坚持重典治乱，铁拳铁规治污，采取综合手段，始终保持严厉打击环境违法的高压态势；坚决纠正不作为、乱作为问题。健全执法责任，规范行政裁量权，强化对监管执法行为的约束；有效解决职责不清、责任不明和地方保护问题。全面排查排污单位污染物处理设施建设及运行情况，全区所有排污单位必须依法实现全面达标排放且主要污染物不超过核定总量。逐一排查工业聚集区和城镇污水处理厂排污情况，对超标和超总量排放污染物的企业予以"黄牌"警示，一律限制生产或停产整治；对整治仍不能达到要求且情节严重的企业予以"红牌"处罚，一律停业、关闭。自 2016 年起，定期公布环保"黄牌""红牌"企业名单。定期抽查排污单位达标排放情况，结果向社会公布。（环境保护厅负责）

严厉打击环境违法行为。强化环境保护、公安、检察院、法院等部门和单位协作，健全行政执法与刑事司法衔接配合机制，完善案件移送、受理、立案、通报等规定。重点打击私设暗管或利用渗井、渗坑、溶洞排放、倾倒含有毒有害污染物废水、含病原体污水，监测数据弄虚作假，不正常使用水污染物处理设施，或者未经批准拆除、闲置水污染处理设施等环境违法行为。对造成生态损害的责任者严格落实赔偿制度。严肃查处建设项目环境影响评价领域越权审批、未批先建、边批边建、擅自实施重大变更等违法违规行为。对构成犯罪的，要依法追究刑事责任。（环境保护厅牵头，公安厅、检察院、高法院等部门参与）

（六）提升监管水平。

完善流域协作机制。健全跨部门、区域、流域水环境保护议事协调机制。流域上下游各级政府、各部门之间要加强协调配合、定期会商，实施联合监测、联合执法、应急联动、信息共享。（环境保护厅牵头，水利厅、农牧厅、林业厅、交通运输厅、海事局等部门参与）

完善水环境监测网络。根据《生态环境监测网络建议方案》和《水污染防治目标责任书》的要求，统一规划设置监测断面（点位），并按规定的监测指标和频次开展监测工作。进一步优化全区水质监测断面，在重要江河及国界河流、湖泊建立水质自动监测子站。继续开展全区 74 县（区）辖区内河流湖泊水质监测工作，加大地（市）行署（人民政府）所在地城中水体水质、底泥监测工作力度。将县域内水环境质量作为环境保护考核的重要指标纳入对各县（区）人民政府的考核工作。形成覆盖饮用水源地、地表水、地下水、城中水体的监测网络系统。（环境保护厅牵头，发展改革委、国土资源厅、住房城乡建设厅、水利厅、农牧厅、交通运输厅、海事局等部门参与）

提高环境监管能力。按照《国务院办公厅关于加强环境监管执法的通知》（国办发〔2014〕56 号）要求，结合《水污染防治行动计划》，加快解决环境监管执法队伍基础差、能力弱、水政监管执法空白的问题。大力提高环境监管队伍思想政治素质、业务工作能力、职业道德水准，严格执法、监测人员持证上岗制度。推进环境监测、监察管理体制改革和机构标准化建设，配备监测、执法的装备和设备，保障基层环境监察执法用车。积极探索片区化、网格化环境监管新途径。（环境保护厅负责，编办、发展改革委、财政厅、水利厅等部门参与）

三、切实加强水环境管理

（七）强化环境质量目标管理。

明确各类水体水质保护目标，逐一排查达标状况。未达到水质目标要求的地（市）要制定达标方案，将治污任务逐一落实到汇水范围内的排污单位，明确防治措施及达标时限，方案报自治区人民政府备案，自 2016 年起，定期向社会公布。对水质不达标的区域实施挂牌督办，必要时采取区域限批等措施。（环境保护厅牵头，水利厅参与）

（八）深化污染物排放总量控制。

完善污染物排放统计监测体系，逐步将工业、城镇生活、农业、污水处理厂、危险化学品运输等各类污染源纳入统计监测范围，严格落实国家"十三五"核定的主要污染物排放总量控制目标。（环境保护厅牵头，发展改革委、工业和信息化厅、住房城乡建设厅、水利厅、农牧厅等部门参与）

（九）严格环境风险控制。

防范环境风险。加大全区选矿企业尾矿库和化学品运输监管力度，消除环境风险。评估现有化学物质环境和健康风险，2017 年年底前公布优先控制化学品名录，对高风险化学品生产、使用进行严格限制，并逐步淘汰替代。（环境保护厅牵头，工业和信息化厅、卫计委、安全监管局等部门参与）

稳妥处置突发水环境污染事件。各级人民政府要制定和完善水污染事故处置应急预案，落实责任主体，明确预警预报与响应程序、应急处置及保障措施等内容，依法及时公布预警信息。（环境保护厅牵头，住房城乡建设厅、水利厅、农牧厅、卫计委等部门参与）

（十）全面推行排污许可。

依法核发排污许可证。2015 年年底前，完成国控重点污染源排污许可证的核发工作，其他污染源于 2017 年年底前完成。（环境保护厅负责）

加强许可证管理。以改善水质、防范环境风险为目标，将污染物排放种类、浓度、总量、排放去向纳入许可证管理范围。禁止无证排污或不按许可证规定排污。（环境保护厅负责）

四、全力保障水生态环境安全

（十一）保障饮用水水源安全。

从水源到水龙头全过程监管饮用水安全。建立健全水源地水质监测、管理各项制度。各级人民政府做好水源地保护区划分；住房城乡建设部门做好供水配套管网建设等工作；环境保护部门做好水源地环境监管及水质监测工作；水利部门做好水源地选址规划、水资源论证等工作；卫生计生部门做好供水厂出口和用户水龙头水质检测工作。2016 年起，拉萨市每月向公众公开饮用水安全状况信息、其余地（市）行署（人民政府）所在地城镇每季度向公众公开饮用水安全状况信息；2018 年起，有条件的县城逐步公开饮用水安全信息。（环境保护厅牵头，发展改革委、财政厅、住房城乡建设厅、水利厅、卫计委等部门参与）

强化饮用水水源地环境保护。按照水污染防治法和自治区饮用水水源环境保护管理办法等相关法律法规规定，各级人民政府要严格城乡居民集中式饮用水和天然饮用水水源地环境保护，科学划定城乡饮用水水源保护区并规范建设保护设施，新建饮用水水源地应当同步配套建设水源地环境保护工程，定期开展水质监测和环境状况调查，依法实施严格管控，确保饮用水安全。2017年年底前，完成县级以上集中式饮用水水源地保护区划定工作。2020年，完成80%乡（镇）水源地的保护工作。单一水源供水的地级城市2020年基本完成备用水源或应急水源建设。（环境保护厅牵头，财政厅、住房城乡建设厅、水利厅、卫计委等部门参与）

开展饮用水水源地环境综合整治，禁止在饮用水水源地保护区内设置排污口以及建设与水源地保护无关的项目，禁止堆存垃圾及其他有毒有害物质，禁止从事采矿、采石、采砂、取土等可能污染饮用水水体的活动，已有的由所在地人民政府采取措施予以取缔。加快国家督办的拉萨4个集中式饮用水水源地（西郊自来水厂、药王山自来水厂、献多自来水厂、北郊自来水厂）整改工作，2017年前完成水源地一级保护区内违法建筑的拆除工作，并完善水源地风险管理体系和应急能力建设，不能完成整改工作的须另选址建设集中式饮用水水源地。（环境保护厅牵头，发展改革委、财政厅、住房城乡建设厅、水利厅、卫计委等部门参与）

防止地下水污染。加大全区重点区域地下水水质监测工作力度。定期调查评估集中式地下水型饮用水水源补给区区域环境状况。石化存贮销售企业和工业园区、矿山开采区、垃圾填埋场等区域应进行必要的防渗处理。加油站地下油罐应于2017年年底前全部更新为双层罐或完成防渗池设置。报废矿井、钻井、取水井应实施封井回填，并加强监测。（环境保护厅牵头，财政厅、国土资源厅、住房城乡建设厅、水利厅、商务厅等部门参与）

（十二）保护流域生态、强化良好水体保护。

开展流域生态健康评估，全面评价我区大江大河流域健康状态。加强河湖、湿地水生态保护，科学划定河湖岸及湿地保护红线，严厉打击水源涵养区内的违法建设项目。在主要河流湖泊流域继续开展围栏封育、禁牧、休牧、轮牧和退牧还草、退耕退牧还湿、退耕还林、天然林保护、人工种草、植树造林、水土保持，实施流域生态修复项目，遏制自然植被退化趋势，提高水源涵养、土壤保持、防风固沙能力，保障湖泊流域生态环境持续良好。加大"两江四河"（雅鲁藏布江、怒江、拉萨河、年楚河、雅砻河、狮泉河）植树造林、水土保持、河道整治工作力度，提高水源涵养和水体自净能力。（农牧厅、林业厅牵头，财政厅、国土资源厅、住房城乡建设厅、水利厅、环境保护厅等部门参与）

开展怒江源、"四河"（狮泉河、象泉河、孔雀河、马泉河）源、"三江"（澜沧江、金沙江、怒江）流域等重要江河生态功能保护区建设，促进流域生态保护与恢复，改善流域水质。组织实施好《水质较好湖泊生态环境保护总体规划（2013-2020年）》，对我区纳入该规划中的75个湖泊流域全面开展生态环境系统调查工作，对湖泊水生态健康、生态系统服务功能、流域社会经济影响方面进行综合评估，制定符合实际的"一湖一策"保护方案。（环境保护厅牵头，发展改革委、财政厅、水利厅、林业厅等部门参与）

（十三）整治城市黑臭水体。

2015年年底前，住房城乡建设厅负责完成我区黑臭水体排查工作，如有黑臭水体，则公布黑臭水体名称，并制定达标治理方案。如无黑臭水体，则采取控源截污、清理垃圾、清淤疏浚、生态修复措施，防止其变为黑臭水体。2016年年底前，各地（市）行署（人民政府）编制并实施行署（人民政府）所在地城镇中心水体水质改善及治理方案，2017年年底前实现城中水体水面无漂浮物、无垃圾、无违法排污口。到2020年确保上述城中水体补给充足、水流通畅、水环境质量良好。（住房城乡建设厅牵头，环境保护厅、水利厅、农牧厅等部门参与）

五、全面控制污染物排放

（十四）狠抓工业污染防治。

2016年年底前，全面排查我区是否存在"十小"企业（小型造纸、制革、印染、染料、炼焦、炼硫、炼砷、炼油、电镀、农药企业），如有，则按照水污染防治法律法规要求，全部关停。加大藏药、酿酒等我区重点水污染企业的污染治理力度。制定有色金属、制革、食品加工等行业专项治理方案，实施清洁生产改造，制革行业实施铬减量化和封闭循环利用技术改造。（环境保护厅牵头，工业和信息化厅等部门参与）

集中治理工业集聚区水污染。由工业和信息化厅、商务厅负责，2016 年年底前完成全区已建工业集聚区的排查工作，依法关停规模较小、环保配套设施不完善、审批手续不齐全的工业集聚区。经批准保留的工业园区，要加强环境监管。新建工业集聚区在编制规划时必须同步规划、建设污水处理及固体废物集中处置等污染治理设施，并实现雨污分流。2017 年年底前，现有工业集聚区应按规定建成污水集中处理设施，并安装自动在线监测、监控装置，逾期未完成的，一律暂停审批和核准其增加水污染物排放的建设项目，集聚区内有生产废水排放的企业也不得投入生产。工业集聚区内各企业产生的工业废水，须经自建的污水处理设施处理达到行业排放标准后方可进入污水集中处理设施。（环境保护厅牵头，工业和信息化厅、商务厅、科技厅等部门参与）

（十五）强化城镇生活污染治理。

加快城镇污水处理设施建设与改造。住房城乡建设厅负责 2016 年年底完成全区已建污水处理厂建设与运行情况调查。按照国家、自治区新型城镇化规划要求，积极争取建设资金，加大城镇污水处理厂的改扩建和新建工作力度，确保我区主要城镇生活污水集中处理率达到预期目标。拉萨市污水处理厂 2020 年达到一级 A 排放标准，其他地（市）行署（人民政府）所在地城镇、县城及重点镇污水处理厂出水水质按受纳水体执行相应标准。各地（市）污水处理厂应根据自身情况，采用人工湿地等方法对处理达标后的中水进行再处理，以进一步降低纳污水体污染负荷。（住房城乡建设厅牵头，发展改革委、环境保护厅等部门参与）

加强配套管网建设。加快现有雨污合流排水管网的分流改造，难以改造的，应采取截流、调蓄和治理等措施。新建污水处理设施的配套管网要同步设计、同步建设、同步投入运行。到 2020 年，拉萨市建成区完成管网雨污分流改造，污水基本实现全收集、全处理。日喀则市、昌都市、林芝市、那曲镇、泽当镇、狮泉河镇建成区于 2030 年年底前完成管网雨污分流改造，污水基本实现全收集、全处理。严禁向城中水体（城中水体是指：拉萨市拉萨河城关区段、中干渠、南干渠、北干渠、龙王潭公园人工湖、布达拉宫广场人工湖；日喀则市年楚河桑珠孜区段、卡隆沟、尼色日沟、夏热沟、日曲沟、甲龙沟、孜布热河；山南地区雅砻河泽当镇段；林芝市尼洋河巴宜区段、福清河；昌都市澜沧江卡若区段、昂曲、扎曲；那曲地区色曲、次曲、那曲河那曲镇段；阿里地区狮泉河狮泉河镇段，下同）排放污水。（住房城乡建设厅牵头，发展改革委、环境保护厅等部门参与）

推进污泥处理处置。污水处理设施产生的污泥应进行稳定化、无害化和资源化处理处置，处理后达到农用标准的污泥可用于园林绿化等，禁止污水处理厂剩余污泥进入耕地。到 2020 年年底前，地（市）行署（人民政府）所在地城镇污泥无害化处置率达到 90% 以上。（住房城乡建设厅牵头，发展改革委、工业和信息化厅、环境保护厅、农牧厅等部门参与）

（十六）推进农业农村污染防治。

科学编制规模化畜禽、水产养殖规划，划定禁养区，2017 年年底前、依法关闭或搬迁禁养区内的畜禽养殖场（小区）和养殖专业户。建设规模化畜禽养殖场（小区）应当配套建设粪便污水贮存、处理、利用设施。"十三五"期间，在规模化畜禽养殖场（小区）配套修建大中型沼气设施。自 2016 年起，新建、改建、扩建的规模化畜禽养殖场（小区）按照《畜禽规模养殖污染防治条例》规定实施雨污分流、落实粪便及污水处理措施。及时总结推广农牧结合、循环利用的治理模式，引导并扶持畜禽排泄物后续服务体系建设，加快推进沼液、沼渣的使用。指导建立并健全规模化畜禽养殖场（厂）、畜禽养殖小区内部环境管理制度，建立一场（厂）一档的污染防治长效管理措施。规范水产养殖，科学规划规模化水产养殖业的发展，并划定水产养殖禁养区，集中式饮用水水源地保护区内禁止水产养殖。（农牧厅牵头，环境保护厅参与）

控制农业面源污染。严格执行《关于打好农业面源污染防治攻坚战的实施意见》（农科教发〔2015〕1 号），全面做好农业面源污染防治工作。推广测土配方，科学施用化肥、农药和动植物生长调节剂，推广使用低毒、低残留农药和可降解的农用薄膜，加强废旧农药、化肥包装物和废旧农用薄膜的回收。推行植物病虫害的综合防治，推广生物防治措施，防止对土壤的破坏和农作物、农畜产品的污染。加强对农产品基地的环境监督管理。到 2020 年，测土配方施肥技术推广覆盖率达到 80% 以上，化肥利用率提高到 30% 以上，农作物病虫害统防统治覆盖率达到 30% 以上。（农牧厅牵头，环境保护厅参与）

调整种植结构与布局。在缺水地区试行退地减水。因地制宜开展生态型复合种植，鼓励发展种养结合循环农业。开展节水青稞、牧草种植的研究与示范推广工作。加快建设现代饲草料产业体系，大力推进优质饲草料种植推广，重点发展青贮玉米、苜蓿等优质饲草料，提高种植比较效益，不断扩大耐旱作物种植面积。（农牧厅、水利厅牵头，发展改革委、国土资源厅等部门参与）

加快农村环境综合整治。继续争取中央农村环保专项资金、引导援藏资金，大力推进农村环境连片综合整治，完善农村环境基础设施建设。加强对农业和农村环境统一规划，开展农村环境综合整治、村容村貌整治，统筹建设农村环境基础设施，加大农村水源地保护力度，实施垃圾、污水、恶臭和噪声的治理以及改厕。鼓励农牧民在房前屋后、道路两旁植树种草。实施农牧区传统能源替代，推广使用沼气、太阳能、风能、液化气等清洁能源。鼓励采取堆肥、制作沼气等方式综合利用作物秸秆、人畜粪便等农村有机质废弃物。严控对水土保持、防风固沙和涵养水源植被的采伐，促进有机肥料还田还草。（环境保护厅牵头，住房城乡建设厅、水利厅、农牧厅等部门参与）

严格控制环境激素类化学品污染。2017 年年底前完成重点行业环境激素类化学品生产使用情况调查，监控评估水源地、农产品种植区及水产品集中养殖区风险，实施环境激素类化学品淘汰、限制、替代措施。（环境保护厅牵头，安全监管局、公安厅、工业和信息化厅、农牧厅等部门参与）

（十七）加强船舶污染控制。

积极治理船舶污染。2016 年起新增游艇必须选用电力或燃气驱动型，现有的燃油动力型游艇须在"十三五"期间逐步完成油改电、改气或淘汰工作。

2016 年起所有船舶须设置垃圾、污水收集装置并运送上岸。码头应设置垃圾、污水收集转运设施设备，确保消除码头水域环境安全隐患。全区范围内水域禁止利用水上交通工具运输危险化学品和危险固体废物。（交通运输厅牵头，住房城乡建设厅、农牧厅、海事局等部门参与）

六、推动经济结构转型升级

（十八）调整产业结构。

依法淘汰落后产能。发展改革委、工业和信息化厅按照《部分工业行业淘汰落后生产工艺装备和产品指导目录（2010 年本）》《产业结构调整指导目录（2011 年本）》（修正）及相关行业准入（规范）条件，制订年度淘汰落后产能目标计划，报经自治区人民政府同意后发布实施。各地（市）制定并实施分年度的落后产能清理和淘汰方案，报工业和信息化厅、环境保护厅备案。未完成落后产能淘汰的地（市），暂停审批和核准其相关行业新建项目。（工业和信息化厅牵头，发展改革委、环境保护厅等部门参与）

严格环境准入。根据流域水质目标和主体功能区规划要求，明确区域环境准入条件，细化功能分区，实施严格的环境准入政策。开展水环境承载能力评价，科学核定各区域水环境容量。重点推进开发建设规划、各类园区规划、重点矿区规划、城镇规划及区域流域规划等环境影响评价工作，未依法进行环境影响评价的规划，不得组织实施。新建、改建、扩建项目要符合国家和自治区产业政策、主体功能区划、生态保护红线要求。全区禁止引进和发展石化、炼焦、炼硫、炼砷、炼油、造纸、电镀、农药等水污染严重类项目。严格实行矿产资源开发项目自治区人民政府"一支笔"审批制度和环境保护"一票否决"制度。（环境保护厅牵头，住房城乡建设厅、水利厅、海事局等部门参与）

（十九）优化空间布局。

合理确定发展布局、结构和规模。各地（市）要坚持以水定需、量水而行、因水制宜，城市发展要充分考虑水资源、水环境承载能力，做到以水定城、以水定地、以水定人、以水定产。重大项目原则上布局在重点开发区，并符合城乡规划和土地利用总体规划。鼓励发展节水高效现代农业、低耗水高新技术产业以及生态旅游业。（发展改革委、工业和信息化厅牵头，国土资源厅、环境保护厅、住房城乡建设厅、水利厅等部门参与）

积极保护生态空间。严格水域岸线用途管制，土地开发利用应按照有关法律法规和技术标准要求，留足河道、湖泊滨岸地带的管理和保护范围，留足城镇水系空间、水生态空间，非法挤占的应限期退出并恢复。新建项目一律不得违规占用水域。（国土资源厅、住房城乡建设厅牵头，环境保护厅、水利厅等部门参与）

（二十）推进循环发展。

加强工业水循环利用。重视和加强重点矿区水土保持工作，完善水资源补给等各项措施。选矿企业继续严格执行污水循环利用和零排放制度，加强管网管理和检修力度，及时发现并治理跑、冒、滴、漏。高耗水企业严格落实环保、节水等各项要求，对污水处理设施定期检修、保障正常运转，并建立台账制度，加大循环用水力度、确保污水减量化并达标排放。加大羊八井地热电站尾水回灌力度，力争到 2016 年回灌率达到 40%、2020 年回灌率达到 70%、2030 年回灌率达到 95%。力争 2020 年全区工业用水重复利用率达到 60%。（发展改革委、工业和信息化厅牵头，水利厅等部门参与）

促进再生水利用。积极促进城镇再生水利用。到 2020 年，拉萨市、山南地区各建成 2 万立方米再生水利用设施，拉萨市再生水用于园林绿化、浇洒道路等，山南地区再生水用于雅砻河景观补水及园林绿化、浇洒道路等。2020年以后，其他地（市）逐步推行再生水利用。（住房城乡建设厅牵头，发展改革委、环境保护厅、交通运输厅、水利厅等部门参与）

七、强化科技支撑

（二十一）推广示范适用技术。

重点推广节水、水土流失治理、水污染治理、再生水安全回用、水生态修复、生态流量保障、畜禽养殖污染防治等适用技术。（科技厅牵头，发展改革

委、工业和信息化厅、环境保护厅、住房城乡建设厅、水利厅、农牧厅等部门
参与）

（二十二）攻关研发前瞻技术。

加快研发我区适用的工业废水、生活污水的处理技术,加快重点行业废水、
城镇生活污水的深度处理等技术研究。开展水污染对人体健康影响、水环境损
害评估、天然饮用水水源地保护、水质良好湖泊的保护、水环境容量评估等研
究。加强高原水生态保护、水土流失治理、退化湿地治理、农业面源污染防治、
水环境监控预警、水处理工艺技术装备等领域的区内外和国际交流合作。（科
技厅牵头,发展改革委、工业和信息化厅、国土资源厅、环境保护厅、住房城
乡建设厅、水利厅、农牧厅、林业厅、卫计委等部门参与）

（二十三）大力发展环保产业。

规范环保产业市场,发展环保服务行业。鼓励节水技术设备推广应用,推
动重点领域节水增效。提升环保技术装备水平,治理突出环境问题。扩大环保
服务产业。在城镇生活垃圾及污水处理、工业污染治理等重点领域,鼓励发展
专业化、社会化环保服务公司,探索政府购买公共服务运行模型。加快发展绿
色餐饮、住宿等服务业。（发展改革委牵头,科技厅、工业和信息化厅、财政
厅、环境保护厅、住房城乡建设厅、水利厅、能源办等部门参与）

八、充分发挥市场机制作用

（二十四）理顺价格税费。

加快水价改革。根据国家发展改革委、住房和城乡建设部下发的《关于加
快建立完善城镇居民用水阶梯价格制定的指导意见》（发改价格〔2013〕2676
号）目标要求,2016 年年底前,拉萨、日喀则、林芝、昌都等城市要全面实
行居民阶梯水价制度,2020 年前七地（市）逐步完成阶梯水价制度。（发展改
革委牵头,财政厅、住房城乡建设厅、水利厅、农牧厅等部门参与）

完善收费政策。制定并出台水资源费征收相关政策。制定并出台调整水资
源费征收范围和标准的相关规定。（发展改革委、财政厅牵头,环境保护厅、

住房城乡建设厅、水利厅等部门参与）

（二十五）促进多元融资。

引导社会资本投入。按照《国务院办公厅转发财政部发展改革委人民银行关于在公共服务领域推广政府和社会资本合作模式指导意见的通知》（国办发〔2015〕42号）和《财政部、环境保护部关于推进水污染防治领域政府和社会资本合作的实施意见》（财建〔2015〕90号）要求，在水污染防治领域大力推广运用政府和社会资本合作（PPP）模式，积极推动设立融资担保基金，推进环保设备融资租赁业务发展，鼓励社会资本加大水环境保护投入。（人行拉萨中心支行、发展改革委、财政厅牵头，环境保护厅、住房城乡建设厅、银监局、证监局、保监局等部门参与）

增加政府资金投入。各级人民政府要合理利用国家重点生态功能区转移支付资金、援藏资金，重点支持污水处理、水土流失治理、污泥处理处置、河道整治、城乡集中式饮用水水源地和天然饮用水水源地保护、湿地修复、畜禽养殖污染防治、水生态修复、应急清污项目和工作。对环境监管能力建设及运行费用分级予以必要保障。（财政厅牵头，发展改革委、环境保护厅等部门参与）

（二十六）建立激励机制。

健全节水环保"领跑者"制度。贯彻落实《关于印发〈环保"领跑者"制度实施方案〉的通知》（财建〔2015〕501号）要求，制定环保水资源利用"领跑者"指标，发布环保水资源利用"领跑者"名单，并给予适当政策激励。（发展改革委牵头，工业和信息化厅、财政厅、环境保护厅、住房城乡建设厅、水利厅等部门参与）

大力发展绿色信贷、消费信贷。建立和完善绿色信贷机制，创新抵押担保方式，加大对技术改造、节能环保、循环经济、自然环境保护、清洁能源及城市污水和垃圾处理设施建设领域的支持力度，支持节能减排、循环经济和低碳经济发展；对不符合产业政策规定、市场准入标准、环境保护等要求的企业和项目，严格限制任何形式的新增授信支持。加大消费信贷产品创新力度，积极满足居民大宗耐用消费品、新型消费品以及教育等服务消费领域的合理信贷需求。优先对净土健康产品、天然饮用水产品、绿色观光农牧业等资源禀赋优势明显的产业给予扶持。（人行拉萨中心支行牵头，工业和信息化厅、环境保护厅、水利厅、银监局、证监局、保监局等部门参与）

加大评价结果的推介力度，实现信息共享。按照环境保护厅、发展改革委、人行拉萨中心支行、银监局联合下发的《企业环境信用评价办法（试行）》的要求，积极向商业银行机构推介企业环境信用评价结果，扩大评价结果在金融领域的使用范围；加强部门间的沟通协调，定期将企业环境信用评级结果录入人民银行企业征信系统，按规定向各部门提供所需企业及重点人群的信用报告，实现信息共享。（人行拉萨中心支行牵头，环境保护厅、工业和信息化厅、发展改革委、银监局等部门参与）

实施跨界水环境补偿。探索采取横向资金补助、对口援助、产业转移等方式，建立跨界水环境补偿机制，开展水流产权交易试点。深化排污权有偿使用和交易试点。（财政厅牵头，发展改革委、环境保护厅、水利厅等部门参与）

九、明确和落实各方责任

（二十七）强化地方政府水环境保护责任。

各级人民政府是实施本行动计划的主体，2016 年 6 月底前制定并公布本行政区域的水污染防治工作方案，逐年确定分流域、分区域、分行业的重点任务和年度目标。不断完善政策措施，加大资金投入，统筹城乡水污染治理，强化监管，确保各项任务全面完成。（环境保护厅牵头，发展改革委、财政厅、住房城乡建设厅、水利厅等部门参与）

（二十八）加强部门协调联动。

自治区成立水污染防治工作领导小组，各有关部门要认真按照职责分工，切实做好水污染防治相关工作。环境保护厅要加强统一指导、协调和监督，工作进展及时向自治区人民政府报告。环境保护厅、发展改革委、科技厅、工业和信息化厅、财政厅、国土资源厅、住房城乡建设厅、交通运输厅、水利厅、农牧厅、卫计委、林业厅、人行拉萨中心支行共 13 个牵头部门要分别制定实施方案。（环境保护厅牵头，发展改革委、科技厅、工业和信息化厅、财政厅、国土资源厅、住房城乡建设厅、交通运输厅、水利厅、农牧厅、卫计委、林业厅、人行拉萨中心支行等部门参与）

（二十九）落实排污单位主体责任。

各类排污单位要严格执行环保法律法规和制度，加强污染治理设施建设和运行管理，开展自行监测，落实治污减排、环境风险防范等责任。中央企业和国有企业要带头落实，工业集聚区内的企业要探索建立环保自律机制。（环境保护厅牵头，国资委参与）

国家重点监控企业应按照《国家重点监控企业自行监测及信息公开办法（试行）》的相关规定，开展自行监测工作，并依法向社会公开其产生的主要污染物名称、排放方式、排放浓度和总量、超标排放情况，以及污染防治设施的建设和运行情况，主动接受监督。（环境保护厅牵头，发展改革委、工业和信息化厅、国资委等部门参与）

（三十）严格目标任务考核。

按照国务院与自治区人民政府签订的水污染防治目标责任书，分解落实目标任务，切实落实"一岗双责"。每年对行动计划实施情况进行考核，考核结果向社会公布，并作为对各级领导班子和领导干部综合考核评价的重要依据。对未通过年度考核的，要约谈责任人民政府及其相关部门有关负责人，提出整改意见，予以督促；对有关地区和企业实施建设项目环评限批。对因工作不力、履职缺位等导致未能有效应对水环境污染事件的，以及干预、伪造数据和没有完成年度目标任务的，要依法依纪追究有关单位和人员责任。（环境保护厅牵头，监察厅、区党委组织部等部门参与）

严格执行《党政领导干部生态环境损害责任追究办法（试行）》，对水生态环境保护不力，导致水环境质量恶化的领导干部，要严格追究相关责任。（区党委组织部、监察厅牵头，环境保护厅、发展改革委、国土资源厅、工业和信息化厅、农牧厅、林业厅、水利厅等部门参与）

十、强化公众参与和社会监督

（三十一）依法公开环境信息。

定期公布我区水环境质量状况，各地（市）行署（人民政府）所在地城镇每季度公布一次水环境质量状况、县（区）城镇每半年公布一次水环境质量状况。向社会公开重点水污染企业名单，要求企业开展自行监测。依法开展饮用水源和重点水污染企业监督性监测，定期公布监测信息。（环境保护厅牵头，发展改革委、住房城乡建设厅、水利厅、卫计委、海事局等部门参与）

（三十二）加强社会监督。

健全举报制度，充分发挥"12369"环保举报热线和网络平台作用，限期办理群众举报投诉的环境问题。加强水污染防治法律法规的宣传教育，引导排污企业和其他生产经营者在生产经营过程中实现废水达标排放且主要污染物不超过核定总量。（环境保护厅负责）

（三十三）构建全民行动格局。

树立"节水洁水，人人有责"的行为准则。加强"青藏高原——中华水塔"水情教育，将维持青藏高原生态环境、保护青藏高原水资源纳入全民教育体系，使保护"青藏高原——中华水塔"成为全民的自觉行动。鼓励各中小学每年组织开展水资源教育实践活动。支持社会公益组织、环保志愿者开展水资源保护活动。倡导全民节约用水，鼓励购买使用节水产品和环境标志产品。（环境保护厅牵头，教育厅、住房城乡建设厅、水利厅等部门参与）

西藏自治区人民政府办公厅秘书处

2015 年 12 月 25 日印发